二十一世纪高职高专院校规划教材

C++ PROGRAMMING

U0211671

C++ 程序设计

- ◆ 基础强化，实训突出
- ◆ 案例典型，任务驱动
- ◆ 体例新颖，知识图解

主　编◉姜清超　　冯素琴　　程晓广

副主编◉张东梅　　付红雷

编　者◉李会刚　　赵　滨　　叶永飞　　唐爱东

　　　　张春娣　　刘克冰　　张惠斌

哈尔滨工业大学出版社
HARBIN INSTITUTE OF TECHNOLOGY PRESS

图书在版编目(CIP)数据

C++程序设计/姜清超,冯素琴,程晓广主编. —
哈尔滨:哈尔滨工业大学出版社,2010.7
二十一世纪高职高专院校规划教材
ISBN 978-7-5603-2362-6

Ⅰ.①C… Ⅱ.①姜… ②冯… ③程… Ⅲ.①
C语言—程序设计—高等学校:技术学校—教材 Ⅳ.
①TP312

中国版本图书馆 CIP 数据核字(2010)第 157997 号

责任编辑	孙 杰 张金凤	
封面设计	周 伟	
出版发行	哈尔滨工业大学出版社	
社 址	哈尔滨市南岗区复华四道街 10 号 邮编 150006	
传 真	0451—86414049	
网 址	http://hitpress.hit.edu.cn	
印 刷	天津市蓟县宏图印务有限公司	
开 本	850mm×1168mm 1/16 印张 17.75 字数 340 千字	
版 次	2010 年 7 月第 1 版 2010 年 7 月第 1 次印刷	
书 号	ISBN 978-7-5603-2362-6	
定 价	34.00 元	

前　言
FOREWORD

　　C++语言是一门高效实用的程序设计语言,也是当今非常流行的一种支持结构化程序设计、面向对象程序设计的高级程序设计语言。它既可用来编写系统软件,也可用来编写应用软件。学习了C++语言之后,再学习Java和C♯会更加轻车熟路,而C++语言比Java具有更纵深的处理系统资源的能力。C++语言架起了通向强大、易用软件开发应用的桥梁。

　　基于C++语言的上述优点,在大学的计算机程序设计课程体系中,已开始使用C++语言替代其他编程语言,作为程序设计基础的入门课程。目前,已有很多关于C++语言的书籍,但作为教材使用时,尤其是作为学生接触的程序设计语言的入门教材,学生往往在学习C++语言之前基本上没有任何编程方面的基础知识,因此对教材的内容及深度都有一定的要求。

　　本教材的主要目标是讲述如何用计算机和C++语言解决编程问题,在介绍传统的结构化编程的同时,介绍了面向对象编程的基本思想。通过自学或在老师的讲授下,使读者掌握结构化程序设计及面向对象程序设计的基础理论,掌握结构化程序设计及面向对象程序设计的思想,训练程序设计的思维,强化培养训练学生编程技能,从而达到应用面向过程及面向对象方法进行程序设计的初步能力。

　　本书内容分为两大部分,共9章,建议授课学时为90学时。

　　第1部分为面向过程程序设计,包括第1～7章。

　　第1章介绍了C++语言的历史及C++程序的调试步骤。第2、3章介绍了C++的基本组成元素,包括数据类型、变量及流程控制语句的使用等。第4章介绍了数组,包括在数组上的基本操作、多维数组及字符数据、串和串处理。第5章介绍了函数,首先介绍了函数的定义及调用,然后介绍了头文件的相关知识,最后学习了参数调用及变量的作用域。第6章介绍了指针的相关知识,包括如何定义及使用指针变量、指针与数组的结合,最后介绍了如何用文件指针对文件进行读写操作。第7章介绍了一种用户自定义的数据结构。

　　第2部分讲述面向对象程序设计的基本知识,包括第8、9两章。

　　第8章介绍了类和对象的知识,首先通过比较类与数据类型、类与结构的关系说明了什么是类,然后介绍了在C++中如何定义类、类成员的访问权限、构造函数、析构函数等方面的知识。第9章在第8章讲解的基础上进一步介绍了面向对象编程方面的重要知识——继承和多态。

　　本教材系统性强、结构合理。但由于编者水平有限,时间仓促,书中难免有疏漏和错误之处,恳请同行、专家及读者批评指正,以便及时补充修订。

编　者

本书学习导航

本书体例模式在综合考虑教师教学及学生学习两方面特性的基础上，以方便教师和学生明确主次、有针对性分配教学或者学习时间而精心打造。体例模式如下：

目标规划

将本章内容知识点提炼为两个部分：知识目标和技能目标。知识目标从两个方面（基本了解、重点掌握）来阐述，技能目标重点阐述学生应熟练应用的知识点。

课前热身随笔

设计笔记页，便于学生记录预习时发现的问题或者产生的想法，以便学习时和教师交流。

本章穿针引线

展示本章内容框架，让师生对于本章的学习一目了然。

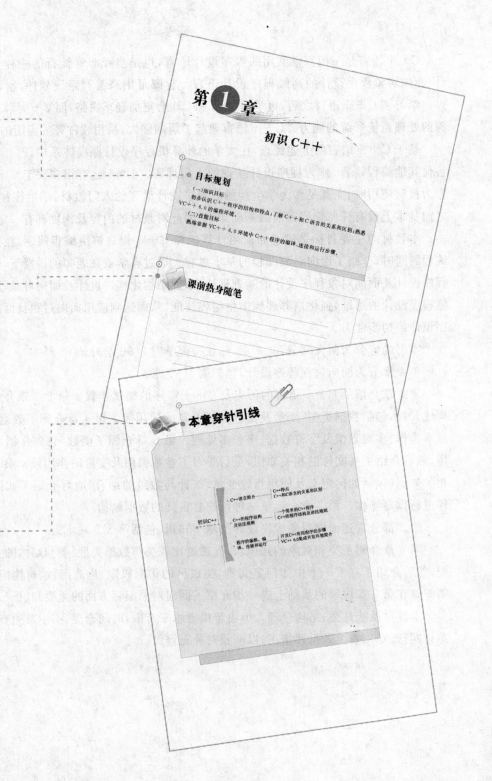

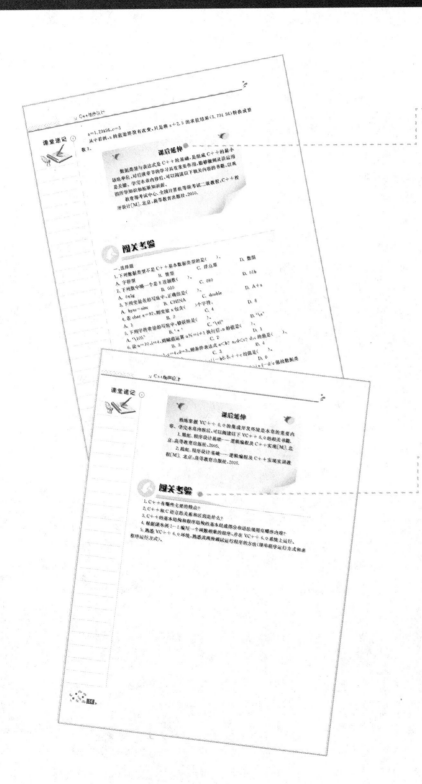

课后延伸

列出学习本章后学生应该自学的课外知识或者是归纳总结跟本章知识有关的一些经验、方法等

闯关考验

设计形式多样的练习题，满足学生对所学知识复习的需要。

CONTENTS | 目 录

第1章

初识C++

目标规划

（一）知识目标

初步认识C++程序的结构和特点；了解C++和C语言的关系和区别；熟悉VC++ 6.0的编程环境。

（二）技能目标

熟练掌握VC++ 6.0环境中C++程序的编译、连接和运行步骤。

课前热身随笔

 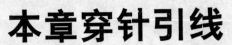

本章穿针引线

初识C++

C++语言简介 ——— C++特点
C++和C语言的关系和区别

C++的程序结构
及语法规则
一个简单的C++程序
C++的程序结构及语法规则

程序的编辑、编
译、连接和运行
开发C++应用程序的步骤
VC++ 6.0集成开发环境简介

或许你已经学过 C 语言或 Pascal 语言,并能用这些语言编写简单程序,解决某些具体问题。但在实际应用中,特别是要编制一些大型的程序或系统软件时,就会感到仅有这些是不够的,需要有新的设计方法来提高编程能力,以便适应软件开发规模日益庞大的趋势。20 世纪 90 年代以来,在计算机软件行业,面向对象程序设计思想已被越来越多的软件设计人员所接受。它是目前最先进的计算机程序设计思想和理念,这种新的思想更接近人的思维活动,利用这种思想和方法进行程序设计时,可以极大地提高编程能力,减少软件维护的开销。C++能完美地体现面向对象的各种特性。

1.1 C++语言简介

1980 年,美国贝尔实验室的 Bjarne Stroustrup 博士在 C 语言的基础上,开发出一种过程性与对象性相结合的程序设计语言,这种语言弥补了 C 语言存在的一些缺陷,并增加了面向对象的特征。1983 年,这种语言正式命名为"C++语言"(以后简称 C++)。

C 语言是 C++的基础,最初用作 UNIX 操作系统的描述语言。C 语言功能强、性能好、支持结构化程序设计,又能像汇编语言那样高效,伴随着 UNIX 的成功和广泛使用,诞生后立即获得了广泛的支持和好评。到 20 世纪 80 年代,C 语言已经广为流行,成为一种应用最广泛的程序设计语言。

但是 C 语言也存在着一些局限:

(1)C 语言的类型检查机制相对较弱,使得程序中的一些错误不能在编译时被编译器发现。

(2)C 语言缺乏支持代码重用的语言结构。

(3)C 语言不适合开发大型程序,当程序的规模达到一定程度时,程序员很难控制程序的复杂性。

C++正是为了解决上述问题而设计的。C++继承了 C 语言的精髓,如高效率、灵活性等,并增加了面向对象机制,弥补了 C 语言不支持代码重用的不足,这对于开发大型的程序非常有效。C++成为一种既可用于表现过程模型,又可用于表现对象模型的优秀的程序设计语言。

1.1.1 C++特点

C++现在得到了越来越广泛的应用,它除了继承 C 语言的优点之外,还拥有自己独到的特点,最主要的有以下几方面。

1. C++支持数据封装和数据隐藏

当一个技术人员要组装一台电脑时,他只需要将各个电脑配件组装起来。比如他要安装一个声卡时,不需要用集成电路芯片去制作一个声卡,而是购买一个他所需要的声卡。技术员关心的是声卡的功能,并不关心声卡内部的工作原理。声卡是自成一体的,这种自成一体性称为"封装性",无需知道封装单元内部是如何工作就能使用的思想称为"数据隐藏"。

声卡的所有属性都封装在声卡之内,不会扩展到声卡之外,因为声卡的数据隐藏在该电路板上,技术人员无需知道声卡的工作原理就能有效地使用它。

C 语言是面向过程的程序设计语言,数据只被看作是一种静态的结构,它只有等待调用函数来对它进行处理。而 C++是一种面向对象的的程序设计语言,它通过建立用户自定义类型(类)来支持数据封装和数据隐藏,将数据和对该数据进行调用的函数封装在一起作为一个类的定义;另外,封装还提供一种对数据访问严格控制的机制。

对象被说明为具有一个给定类的变量,每个给定类的对象都具有包含这个类所规定的若干成员(数据)和操作(函数)。

在 C 语言中可以定义结构,但是这种结构只包含数据,而不包含函数,即是结构体。C++中的类是数据和函数的的封装体。

2.C++类中包含私有、公有和保护成员

C++类中可定义 3 种不同访问控制权限的成员:一种是私有(private)成员,只有在类中说明的函数才能访问该类的私有成员,而在该类外的函数不可以访问私有成员;另一种是公有(public)成员,类外面也可以访问公有成员,成为该类的接口;还有一种是保护(protected)成员,这种成员只有该类的派生类可以访问,其余的在这个类外不能访问。

3.C++通过发送消息来处理对象

C++中是通过向对象发送消息来处理对象的,这里所谓的"消息"是指调用函数,每个对象根据所接收到的消息的性质来决定需要采取的行动,以响应这个消息。因此,送到一个对象的所有可能消息在对象的类中都需要定义的,即对每个可能的消息给出一个相应的方法。方法是在类中声明的,使用函数的形式定义的,使用一种类似函数调用的机制把消息发送到一个对象上。

4.C++支持继承性

要制造新的电视机,可以有两种选择:一种是从草图开始,从头来重新制造;另一种是对现有的型号加以改进。工程师肯定不想从头开始,而是希望制造另一种新型电视机,该机是在原有的型号基础上增加一些新的功能做成,这就是继承的实例。

C++中可以允许单继承和多继承。一个类可以根据需要生成派生类,派生类继承了其基类(即父类)的所有方法和属性,另外派生类自身还可以定义所需的不同的不包含在父类中的新属性和方法。一个派生类的每个对象包含从父类那里继承来的所有数据成员和方法,并且可以拥有自己特有的属性(即数据)和方法。

5.C++支持多态性

通过继承的方式可以构造新类,采用多态性为每个类指定自己的行为。多态性就是对不同对象发出同样的指令时,不同对象会有不同的行为。例如,学生类应该有一个计算成绩的操作,对于中学生类的对象,计算成绩的操作表示语文、数学和英语等课程的计算,而对于大学生类的对象,计算成绩的操作表示高等数学、大学英语等课程的计算。

继承性和多态性的组合,可以轻易地生成一系列虽类似但又不同的新类。由于继承性,一些类有很多相似的特征;由于多态性,一个类又可以有自己独特的属性和行为。

以上概述了 C++对面向程序设计中的一些主要的特点,有关 C++的这些特点和支持的实现在后面的章节将详细讲解。

1.1.2　C++和 C 语言的关系和区别

C 语言是 C++的一个子集,C++包含了 C 语言的全部内容。

1. C++和C语言的关系

C++保持与C语言兼容,这就使许多C程序代码不用修改就可以为C++所用,特别是一些用C语言编写的库函数和实用软件可以直接用于C++中。

C++首先保持了C语言的简洁、高效和接近汇编语言等优点,同时又给C语言的不足和问题作了很多改进。下面列举出一些重要的改进之处:

(1)增加了一些新的运算符,使得C++应用起来更加方便。

(2)改进了类型系统,增加了安全性。C语言中类型转换很不严格,C++规定类型转换多采取强制转换。

(3)引进了"引用"的概念,使用引用作函数参数带来了很大方便。

(4)允许函数重载和运算符重载。

2. C++和C语言的区别

C++和C语言的本质区别就在于C++是面向对象的,而C语言是面向过程的。因此,C++在对C语言改进的基础上,又增添了支持面向对象的新内容,如数据的封装和隐藏性、继承性和多态性等,这里不作重复。在本书后面的章节中还要详细讲述。

因此,我们说C++不仅仅是对C语言进行一些改进,更重要的是对C语言从各方面进行了彻底的更新,这使C++成为一种面向对象的程序设计语言。

总之,目前C++的优点正越来越得到人们的认可和推崇,它已经成为被广泛使用的通用程序设计语言。在国内外使用和研究C++的人数正迅猛增加,优秀的C++版本和配套的工具软件也不断涌现。

1.2 　C++的程序结构及语法规则

本节通过一个程序来分析C++的基本结构和一些语法规则。

1.2.1　一个简单的C++程序

首先看下面这个简单的C++程序(为了方便描述,程序的每一行都加上了行号)。

例1-1 从键盘上输入两个整数,比较两个数的大小并把较大的数输出。程序代码如下:

```
1   //max.cpp 是一个简单的 C++程序
2   #include <iostream.h>
3   int max(int a,int b);
4   void main()
5   {
6   int x,y, temp;
7   cout<<"Hello C++!";
8   cout <<"Enter two numbers:\n";
9   cin>>x;
10   cin>>y;
11   cout<<"您输入的整数是:";
```

```
12    cout <<x<<endl;
13    cout<<y<<endl;
14    temp＝max(x,y);
15    cout<<"The max is:"<<temp<<"\n";
16    }
17    int max(int a,int b)
18    { int c ;
19     if (a>b) c＝a;
20     else c＝b;
21     return c;
22    }
```

运行结果是：

Enter two numbers：

3

5

The max is:5

(1)本例第 1 行是 C++的注释。其中，"//"是 C++的一种注释符号，自"//"开始，一直到本行结束，所有内容都会被当作注释对待。C++注释也可以写成下面的形式：

/＊注释内容＊/

即夹在"/＊"与"＊/"号间的部分是要注释的内容，例如，本句可以改为：

/＊max.cpp 是一个简单的 C++程序＊/

进行程序设计时，这两种注释形式都会经常用到，它们的区别在于：前者只能注释一行内容，而后者可以注释多行内容。

(2)第 2 行使用预处理指令 ＃include 将头文件 iostream.h 包含到程序中来，iostream.h 是标准的 C++头文件，它包含了输入和输出的定义。

C 语言中进行输入/输出，是依靠系统提供的函数来完成，如标准输入和输出函数 scanf()和 printf()。相比 C 语言，C++使用了更安全和强大的方法来进行输入/输出操作，也就是"流"的概念。每一个 I/O 设备传送和接收一系列的字节，称之为"流"。输入操作可以看成是字节从一个设备流入内存，而输出操作可以看成是字节从内存流出到一个设备。要使用 C++标准的 I/O 流库的功能，必须包含头文件 iostream.h。iostream.h 文件提供基本的输入输出功能。通过包含 iostream 流库，内存中就创建了一些用于处理输入和输出操作的对象。标准的输出流（通常是屏幕）称为"cout"，标准的输入流（通常是键盘）称为"cin"。

输出变量 d 的值到标准输出设备的语法形式如下：cout << d;

<< 是双小于号，不是左移操作符，它是一种输出操作符，指出程序哪个流发送数据。

这里的 cin 是标准输入流，在程序中用于代表标准输入设备，即键盘。运算符">>"称为"输入运算符"，表示将从标准输入流（即键盘）读取的数值传送给右方指定的变量。也就是说，对于语句"cin>>i;"，用户从键盘输入的数值会自动地转换为变量 i 的数据类型，并存入变量 i 内，类似 C 语言中的 scanf("%d",&i)。运算符">>"允许用户连续输入一连串数据，例如，cin>>a>>b>>c;它将按顺序从键盘上接收所要求的数据，并存入对应的变量中。两个数据间用空白符（空格、回车或 Tab 键）分隔。cout 是标准输出

流,在程序中用于代表标准输出设备,通常指屏幕。运算符"<<"称为"输出运算符",表示将右方变量的值显示在屏幕上。例如,执行下面的语句:"cout<<f;"后,变量 f 的值将显示在屏幕上,类似于 C 语言中的"printf("%f",f);"。f 必须是基本数据类型,而不能是 void 类型。运算符"<<"允许用户连续输出一连串数据,也可以输出表达式的值,例如,"cout<<a+b<<c;",它将按照顺序将数据依次输出到屏幕上。

说明:

程序中如果需要使用 cin 或 cout 进行输入/输出操作时,则程序中必须嵌入头文件 iostream.h,否则编译时要产生错误。在 C++程序中,仍然可以用 C 语言的传统方式进行输入/输出操作,即沿用 stdio 函数库中的 I/O 函数,如 printf()函数、scanf()函数或其他的 C 语言输入/输出函数。在 C 中,常用"\n"实现换行,而 C++中增加了换行控制符 endl,其作用与"\n"一样。它的使用很方便,只要插入在输出语句中需要换行的相应位置即可。例如,以下两个语句的操作是等价的:

cout<<"x="<<x<<endl;

cout<<"x="<<x<<"\n";

(3)本例的第 3 行是声明一个函数 max,函数的返回值类型是是整数型 int,有两个整型参数 a 和 b。

(4)第 4 行定义了一个称为 main 的函数。C++程序的执行总是从 main 函数开始的。

(5)第 5 行是一个花括号,是 main 函数体开始的标记。

(6)第 6 行是一个语句。一个语句可能是定义或声明一个变量,也可能是得到一个数值的计算步骤。一个语句用分号";"结尾,C/C++用分号来分隔语句。这个语句定义了一个整型变量 i。

(7)第 7 行也是一个语句。这个语句将字符串"Hello C++!"发送到 cout 输出流。一个字符串是一个用双引号包围的字符系列。

(8)第 8 行也是一个语句。这个语句将字符串"Enter two numbers:"发送到 cout 输出流。字符串的最后一个字符\n 是一个换行符。流是执行输入和输出的对象。cout 是 C++标准的输出流,标准输出通常是指计算机屏幕。符号<<是一个输出运算符,带一个输出流作为它的左操作数,一个表达式作为它的右操作数。后者被发送到前者,字符串"Enter two numbers:\n"发送到 cout 的效果是把字符串打印到计算机屏幕上。

(9)第 9、10 行也是一个语句。这两个语句将 cin 输入流分别抽取到变量 x,y 中。cin 是 C++标准的输入流,标准输入通常是指计算机键盘。符号>>是一个输入运算符,带一个输入流作为它的左操作数,一个变量作为它的右操作数。前者被抽取到后者,cin 输入流抽取到变量 x 的效果是将键盘的输入值复制到变量 x 中。

(10)第 11、12、13 行分别是在屏幕上打印"您输入的整数是:"、变量 x 和换行符、变量 y 和换行符。

(11)第 14 行调用 max()函数,实参是 x,y。把函数返回结果赋给变量 temp。

(12)第 15 行是输出语句。这个语句将字符串"The max is:"发送到 cout 输出流,然后再输出 temp 的值,最后是换行。

(13)第 16 行的花括号是 main 函数体结束的标记。

(14)第 17 行以后是用来定义 max()函数,调用时把实际参数 x 和 y 的值传给函数 max()中的形式参数 a 和 b,执行 max()函数后得到一个返回值(即 max()函数中的 c),把这个值赋给 temp,然后第 15 行输出 temp 的值。

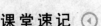

由于我们定义 main()函数的返回类型为 void,所以最后就不用返回值了。如果我们定义 main 的返回类型为 int,则要返回一个整型值:

```
int main()
{
...
return 0;
}
```

1.2.2 C++的程序结构及语法规则

通过上面的例1-1,可以看出 C++程序和 C 程序的结构基本一致,有如下的基本的组成部分和语法规则。

1. 预处理命令

C++程序开头出现含有以"#"开头的语句,它们是预处理命令。C++提供了3类预处理命令:宏定义命令、文件包含命令和条件编译命令。上例出现的预处理命令是文件包含命令:

#include<iostream. h>

其中,include 是关键字,预处理命令是 C++的一个重要组成部分。

2. 函数

C++的程序都是由一组函数组成,函数是构成 C++程序的主要部分。其中有且仅有一个名为 main()的函数,称为"主函数"。程序运行时第一个被执行的函数必定是主函数,不论它在程序的什么部位,执行程序时,系统先找主函数 main(),其他函数只能通过主函数或被主函数调用的函数进行调用,函数的调用可以是嵌套的,即在一个函数的执行过程中可以调用另外一个函数。被调用的函数可以是系统提供的库函数,也可以是用户自己编写的函数,如例1-1中的函数 max()。对于用户自己定义的函数,使用前应提供"声明",如例1-1中的"int max(int a,int b);";使用系统提供的函数时,可以直接调用,但是需要将包含该函数的头文件包含到该程序中。

函数由函数的说明部分和函数体两部分组成。函数的说明部分包括函数名、函数类型、函数参数(形式参数)及其类型。例如,在例1-1中的 max()函数,函数类型规定为函数返回值的类型,如 int,float 等。无返回值的函数是 void 类型。函数可以没有参数,但对于无参函数,函数名后面的圆括号不能省略。函数说明部分下面的花括号内的部分称为"函数体",函数体中的内容也就是函数的定义部分,主要是给出该函数的功能和执行流程。

3. 变量

C++程序需要说明和使用变量,例1-1中声明和使用了3个变量,它们是 int 型的 x、y 和 temp。变量的类型有很多,如整数型 int、浮点型 float 和字符型 char 等。从广义上讲,对象包含了变量,所以把变量也称为一种"对象"。

在计算机中,数据需要存放在一定的存储单元中,并为这个存储单元起一个名字来称呼它,这个名字就是变量名。它表示这些存储单元的地址,这些地址所对应的存储单元所存储的数据是可以变化的。

变量有变量名、数据类型和变量值三大要素。变量名其实是一个符号地址,在该地

址中存放着变量的值,即数据,利用变量名来引用该存储单元;变量的数据类型决定了变量中能够存储数据的范围,存储空间的大小以及可以在这些数据上进行的操作;变量的值是变量名所代表的存储单元所存放的具体数据。

4.语句

语句是组成程序的基本单元。函数就是由若干条语句组成的,但空函数是没有语句的。语句是由单词组成,单词用空格符隔开,程序中每一个语句必须以分号结束。一行程序内可以写多个语句,一个语句也可以分写在多行上。

5.关键字

关键字是C++系统规定的具有特殊用途的单词,这些单词在编程中不能被重新定义或作为其他用途,下面列举一些常用的关键字。

表1.1 C++中一些常用的关键字

break	case	char	class	const	continue	delete	else
float	for	friend	if	inline	int	long	new
private	protected	public	return	sizeof	static	struct	switch
this	typedef	union	virtual	void	while	unsigned	include

6.标识符

标识符是用来表示变量、属性、对象、类、函数、对象等语法实体的名称的符号。标识符的命名规则如下:

(1)标识符是由大小写字母、数字字符(0~9)和下划线组成。

(2)标识符必须由字母或下划线开头,即不能以数字开头。

(3)标识符的长度不应超过255个字符,如果超过,只有前255个字符有效。

(4)标识符的大小写字母是有区别的,如ab和Ab是不同的标识符。

(5)在编写程序中,用户定义标识符的名字要和其程序中的作用和意义相近,不要采用系统的关键字作为标识符。

7.运算符

运算符实际上是系统预定义的函数名字,这些函数作用于被操作的对象,将获得一个结果值,如算术运算符、关系运算符等。

根据运算符所操作的对象个数不同,可分为单目运算符、双目运算符和三目运算符,这些运算符还有运算的优先级高低,这些内容在后面的章节中具体讲解。

8.分隔符

分隔符又称为"标点符号",是用来分隔单词和程序正文的,C++程序中常用的分隔符如下:

(1)空格符。用来作为单词和单词之间的分隔符的。

(2)逗号。用来作为说明多个变量和对象时的分隔符;或者作为函数的多个参数之间的分隔符。

(3)分号。作为语句结束符。

(4)一对大括号{}。用来构造程序或者语句块的。

9.注释符

注释在程序中仅仅起到对程序的注解和说明的作用。注释的目的是为了便于阅读

程序,在程序编译的词法分析阶段,注释将从程序中删除。

C++使用两种注释方法,在前面的例子中已经详细介绍,不再复述。

以上是对 C++的主要程序结构和语法规则的介绍,在以后的章节还要详细学习和讲解。

1.3 程序的编辑、编译、连接和运行

1.3.1 开发C++应用程序的步骤

开发 C++应用程序一般经过 3 个步骤:编辑、编译和运行。

编辑是将编写好的 C++源程序输入到计算机中,生成磁盘文件的过程。C 源程序文件扩展名为.c,而 C++源程序文件扩展名为.cpp。常用的 C++版本,如 Visual C++或 Borland C++都带有 C 和 C++两种编译器。当源程序文件扩展名为.c 时,启动 C 编译器;当源程序文件扩展名为.cpp 时,启动 C++编译器。

C++是以编译方式实现的程序设计语言,编译就是将程序的源代码转换机器代码的形式,也称为"目标代码",然后,再对目标代码进行连接,生成可执行文件的过程。将源程序生成机器可以执行的指令代码,就是目标代码,这些代码是以.obj 为扩展名存放在磁盘文件中,也称为"目标代码文件"。这种文件的代码,机器是可以识别的,但是机器并不能直接运行这种文件,还需要对它进行连接,才能生成可执行文件。连接工作是由编译系统的连接程序来完成,连接程序将编译器生成的目标代码文件和库中的某些文件连接处理,生成一个可执行文件,存储这个可执行文件的扩展名为.exe,库文件的扩展名是.lib。

生成可执行文件后,程序就可以被运行。程序被运行后,一般可在屏幕上显示出运行结果。用户可根据运行结果来判断程序是否有算法的错误。

1.3.2 VC++6.0集成开发环境简介

Visual C++ 6.0 是美国微软公司开发的 C++集成开发环境,它集源程序的编写、编译、连接、调试、运行以及应用程序的文件管理于一体,是当前 PC 机上最流行的C++程序开发环境。本书的 C++程序实例均用 Visual C++ 6.0 调试过,下面对这一开发环境作一下简单介绍。

启动 Visual C++ 6.0 系统后,下面以 max.cpp 程序的实现为例,来讲解 C++程序的编辑、编译、连接和运行。VC++ 6.0 系统有英文版和汉化版,本文提供的图是汉化版的截图,因此在说明的时候,分中英文两种方式说明,其中括号内是中文版的菜单说明。

1. 创建项目文件 max

单击菜单栏中的"File"(文件)菜单项,出现一个下拉式菜单,再选择菜单中的"New"(新建)选项,这时出现如图 1-1 所示的"New"(新建)对话框。该对话框中又有 4 个选框按钮,选中"Projects"(工程)标签窗口,选择项目类型"Win32 Console Application"选项,这时项目的目标平台选框出现:"Win32"。

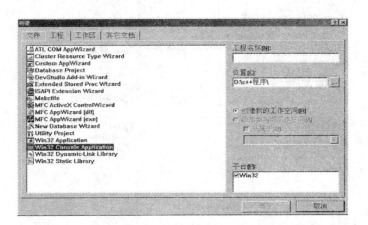

图 1-1

在该标签对话框右侧的"Project name(N)"（工程名称）文本框内输入项目名 max（或其他名字），在"位置"文本编辑框里确定你的程序文件的存储位置，即路径名，如我们选择 D 盘的 C++程序文件夹，然后单击"OK"（确定）命令按钮，出现如图 1-2 所示的"Win32 Console Application－步骤 1"对话框。

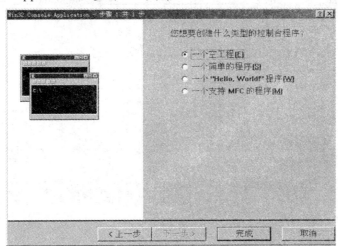

图 1-2

在图 1-2 中选择"一个空工程"单选钮，单击"完成"按钮。这时，屏幕上出现一个"新建"对话框，该对话框告诉用户所创建的控制台应用程序新框架项目的特性。单击该对话框的"确定"按钮，返回 Visual C++ 6.0 主窗口，项目文件 max 创建完毕。

2. 向项目中文件中新建源文件

单击菜单栏中的"File"（文件）菜单项，出现如图 1-3 所示的"New"（新建）对话框中的"文件"（文件）标签窗口，单击"C++ Source File"选项。

接着，在该标签对话框右侧的"Filename"（文件名）文本框内输入文件名 max（或其他名字），然后单击"OK"（确定）命令按钮，系统就生成一个 max.cpp 源程序文件，并返回 Visual C++ 6.0 主窗口，在 Visual C++ 6.0 主窗口的右侧打开代码编辑窗口，就可以编辑 max.cpp 了。

3. 编辑源代码

C++源代码在代码编辑窗口中编辑，把上节的简单程序输入，如图 1-4 所示。

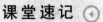

图 1-3

图 1-4

4. 编译和连接项目文件

单击主窗口中菜单栏的"Build"（即"编译"，有时翻译成"组建"）菜单项，在其下拉菜单项中选择"compile max.cpp"（编译 max.cpp）菜单项，这时系统开始对当前的源程序进行编译，在编译过程中，将所发现的错误显示在屏幕下方的"Build"窗口中。显示的错误信息指出该错误所在的行号和该错误的性质，用户可根据这些错误进行修改。用鼠标双击错误消息的时候，该错误消息对应的行加亮显示，或在该行前面用一个箭头加以指示。在没有错误时，显示错误消息的窗口，将显示如下信息：

max.obj—0 error(s),0 warning(s)

编译无错后，这时选择"Build"菜单项中的"Build max.exe"（组建 max.exe）选项。同样，对出现的错误，要根据错误信息中显示的内容进行更改，直到编译连接无错为止。这时，在"Build"窗口内将显示如下信息：

max.exe—0 error(s),0 warning(s)

这说明编译连接成功，并生成以源文件名为名字的可执行文件 max.exe。

5. 运行应用程序

源程序经过编译、连接后，就生成了一个后缀为 .exe 的可执行文件。可以从"Build"

菜单中选择"Execute max. exe"(执行 max. exe),或者按"Ctrl"＋"F5"键,或用鼠标左键单击文件按钮便可运行应用程序,也可按工具栏上的"!"快捷按钮。

注意:以上编译、连接和运行程序,可一步完成,即编辑完源程序后,直接选择"Build"菜单项中的"Execute max. exe"(执行 max. exe),即直接运行程序,VC＋＋系统会自动编译、连接和运行程序。

6. 向项目文件中添加新文件

选取"Project"(工程)菜单项,在下拉菜单中选取"Add File to Project"(添加文件到工程),接着出现一个子菜单,再选取"Files"(文件)菜单项,这时屏幕上会出现一个"Insert Files into Project"对话框,在该对话框中选取要添加的文件,如图1-5所示。

图 1-5

这里,可以给项目添加一个文件或多个文件。

编译一个 C＋＋源文件之前,需要有一个活动的项目工作区。项目文件名后缀为.dsp(保存项目设置),它维护应用程序中所有的源代码文件,以及 Visual C＋＋如何编译、连接应用程序,以便创建可执行程序。Visual C＋＋ 6.0 的集成开发环境中,通过"File"菜单的"New"命令创建一个新的项目。创建一个项目的同时,也创建了一个项目工作区,项目工作区文件的后缀名为.dsw(保存项目工作区的设置)。一个应用程序可以有一个项目及若干个子项目,但只有一个活动的项目。

7. 不建立项目文件直接运行单个 C＋＋程序

对于只建立单个程序文件的话,可以不用先建立项目文件,直接新建程序文件。在VC＋＋ 6.0 环境下,选择"File"(文件)菜单项,再选择"New"(新建)菜单项,这时会出现一个所示的"New"(新建)对话框。该对话框中又有 4 个选框按钮,选中"File"(文件)标签窗口,选择项目类型"C＋＋ Source File"选项,在右边的"File"文本编辑框中,输入要建立的新程序文件名,在"Location"(目录)文本框中,确定你放文件的位置,如图 1-3 所示。最后,点击"OK"(确定)按钮,进入了如图 1-4 所示的源代码编辑窗口。

编辑完程序后,可按照上述第 4 和第 5 步骤编译、连接和运行程序。

课堂速记

课后延伸

熟练掌握 VC++ 6.0 的集成开发环境是本章的重要内容。学完本章内容后,可以阅读以下 VC++ 6.0 的相关书籍.

1.陆虹.程序设计基础——逻辑编程及 C++实现[M].北京:高等教育出版社,2005.

2.陆虹.程序设计基础——逻辑编程及 C++实现实训教程[M].北京:高等教育出版社,2005.

闯关考验

1.C++有哪些主要的特点?

2.C++和 C 语言的关系和区别是什么?

3.C++的基本结构和程序结构的基本组成部分和语法规则有哪些内容?

4.根据课本例 1－1 编写一个两数相乘的程序,并在 VC++ 6.0 系统上运行。

5.熟悉 VC++ 6.0 环境,熟悉其两种调试运行程序的方法(即单程序运行方式和多程序运行方式)。

第2章

数据类型与表达式

目标规划

（一）知识目标

掌握标识符的命名规则；掌握C++的各种数据类型的概念及其基本运算；熟练掌握变量与常量的定义和表示方法。

（二）技能目标

掌握正确命名标识符的方法；熟练掌握变量与常量的定义与表示方法；熟练应用C++中的各种运算符和表达式；掌握数据类型间的转换方法。

课前热身随笔

本章穿针引线

数据类型与表达式

- C++数据类型

- 整型数据 —— 整数常量的表示
  整型变量的定义和初始化

- 字符型数据 —— 字符型常量的表示
  字符型变量的定义和初始化
  字符型和整型的关系

- 实型数据 —— 实型常量的表示
  实型变量的定义和初始化

- 符号常量与常值变量 —— 用符号代替常量的两种定义方法
  符号常量应用举例
  使用符号常量的优点及注意事项

- 运算符及表达式 —— 运算符的优先级
  运算符的结合性
  算术运算符和算术表达式
  自增和自减运算符
  关系运算符和关系表达式
  逻辑运算符和逻辑表达式
  赋值运算符和赋值表达式
  逗号运算符和逗号表达式
  条件运算符和条件表达式

- 数据类型的自动转换和强制转换 —— 自动类型转换
  强制类型转换

数据是程序处理的对象,数据可以依据自身的特点进行分类。我们知道,在数学中有整数、实数的概念,在日常生活中需要用字符串表示人的姓名和地址,而有些问题的回答只能是"是"或"否"。也就是说,不同的数据具有不同的数据类型,并有不同的处理方法。任何一种数据都有自身的属性、数据值和数据类型。本章主要介绍C++的基本数据类型、表达式及其用法。

2.1 C++数据类型

C++数据类型定义了使用存储空间(内存)的方式,通过定义数据类型告诉编译器怎样创建一片特定的存储空间,以及怎样操作这片存储空间。这种以数据类型来规定数据的描述和行为的编程手段,有利于数据的逻辑描述和正确性检查,也有利于数据操作的高质和高效。

数据类型可以是内部的或抽象的。内部数据类型是编译器本来能理解的数据类型,直接与编译器关联,用户定义的数据类型(包括类)一般被称为"抽象数据类型"。

C++可以使用的数据类型如图 2-1 所示。

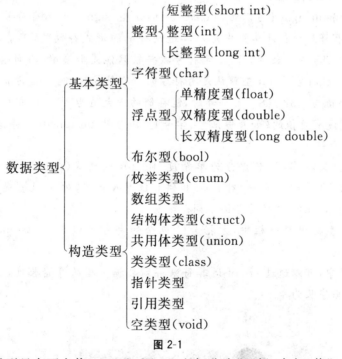

图 2-1

布尔数据类型只有两个值:true 和 false。它们称为"逻辑(布尔)值",主要用于对逻辑表达式进行操作。返回值为 true 和 false 的表达式称为"逻辑表达式"。在 C++中,true 和 false 是关键字,标识符 true 被设置为1,标识符 false 被设置为 0。空类型就是无值型。各种类型的含义和应用将在后续章节中介绍。

C++提供的基本数据类型很多,表 2-1 列出了这些类型。使用这些类型可以改变对应数据类型的数据表示范围,以便满足不同需求。

课堂速记

表 2-1　数值型和字符型数据的字节数和数值范围类型

类型	标识符	字节	数值范围
整型	[signed] int	4	−2 147 483 648～+2 147 483 647
无符号整型	unsigned [int]	4	0～4 294 967 295
短整型	short [int]	2	−32 768～+32 767
无符号短整型	unsigned short [int]	2	0～65 535
长整型	long [int]	4	−2 147 483 648～+2 147 483 647
无符号长整型	unsigned long [int]	4	0～4 294 967 295
字符型	[signed] char	1	−128～+127
无符号字符型	unsigned char	1	0～255
单精度型	float	4	$3.4×10^{-38}$～$3.4×10^{38}$
双精度型	double	8	$−1.7×10^{-308}$～$1.7×10^{308}$
长双精度型	long double	10	$±3.4×10^{-4\,932}$～$1.2×10^{+4\,932}$

说明：

（1）用 short 和 long 修饰 int 时分别表示短整型和长整型，int 可以省略。用 long 修饰 double 时表示长精度型。

（2）signed 和 unsigned 可以修饰 char 型和 int 型，signed 表示有符号数，unsigned 表示无符号数。有符号数在计算机中是以二进制补码的形式存储的，其最高位为符号位，最高位"0"表示"正"；"1"表示"负"。无符号数整数只能是非负数，在计算机中是以绝对值形式存放的。char 型和 int 型默认是有符号的。有符号时，能存储的最大值为 $2^{15}-1$，即 32 767，最小值为 −32 768。无符号时，能存储的最大值为 $2^{16}-1$，即 65 535，最小值为 0。有些数据是没有负值的（如身份证号、学号）可以使用 unsigned，它存储正数的范围比用 signed 时要大一倍。

（3）浮点型（又称实型）数据分为单精度（float）、双精度（double）和长双精度（long double）3 种，在 VC++ 6.0 中，对 float 提供 6 位有效数字，对 double 提供 15 位有效数字，并且 float 和 double 的数值范围不同。

（4）表中类型标识符一栏中，方括号[]包含的部分可以省写，如 short 和 short int 等效。

（5）在程序中，可以通过 sizeof 运算符来得到数据类型的存储长度，如 sizeof(int)=4，表示整型数据字长为 4。

2.2　整型数据

　　C++程序所处理的数据，除有数据类型的区分外，还有常量和变量之分。

　　所谓常量是指在程序运行的整个过程中其值始终不变的数据。C++程序的常量可以分为数值型常量和字符型常量。例如：12、0、−9 为整型常量；2.3、−1.25 为实型常

量;'a'、'x' 为字符型常量。

2.2.1 整数常量的表示

C++提供 3 种表示整型常量的形式,分别是十进制、八进制和十六进制。

(1)十进制表示:由正负号和 0~9 十个数字组成。如 349、−807 等。

(2)八进制表示:以 0 开头的整数常量,由正负号和 0~7 八个数字组成。例如:017、−0365 等。

(3)十六进制表示:以 0x 或 0X 开头的整数常量,由正负号和 0~9 十个数字及 A~F 的字母(大小写均可)组成。如 0x12、−0xaf7 等。

例 2−1 输出整型常量。

```
#include <iostream>
int main()
{
    cout<<123<<" "<<0571<<"."<<−0571<<" "<<0x19E<<" "<<−0x19E
    <<" "<<0x80<<" "<<−0x08<<endl;
    return 0;
}
```

输出结果:

123 377 −377 414 −414 128 −8

在上面程序中使用到的整型常量,则 C++默认为该变量为 int 类型,如果要表示无符号整型常量或者长整型常量,则可以在其后加 U 和 L(大小写均可)。例如,012345L 表示长整型常量。

2.2.2 整型变量的定义和初始化

在程序的执行过程中其值可以变化的量称为"变量"。变量为我们提供了一个有名字的内存存储区,可以通过程序对其进行读、写和处理。每个变量由一个变量名唯一标识,同时,每个变量又与一个特定的数据类型相关联,这个类型决定了相关内存的大小、布局以及能够存储在该内存区的值的范围。我们也可以将变量说成是对象(object)。对于每一个变量,都有两个值与其相关联:

(1)它的数据值,其存储在某个内存地址中。有时这个值也被称为对象的"右值"(rvalue)。我们也可以认为右值的意思是被读取的值。

(2)它的地址值,即存储数据值的那块内存的地址。有时这个值也被称为对象的"左值(lvalue)"。我们也可以认为左值的意思是位置值。

1.整型变量的定义

在 C++中,要求对所有用到的变量作强制定义,也就是"先定义,后使用"。定义变量的一般形式:

[存储类别]数据类型 变量名

数据类型,指出变量所存放的数据的类型。

变量名,即变量的标识符(identifier),由字母、数字和下划线 3 种字符组成,且第一个字符必须为字母或下划线,并且区分大写字母和小写字母。语言本身对变量名的长度没有限制,但是为用户着想,它不应该过长。

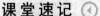

有关变量的存储类别将在第 5 章中介绍。

整型变量可分为:基本型、短整型、长整型、无符号型。例如:

int a;   //定义一个基本整型变量

short int b;   //定义一个短整型变量

long int c;   //定义一个长整型变量

unsigned d;   //定义一个无符号整型变量

int a,b,c,d;   /＊定义变量 a,b,c,d 为整型变量,注意各变量之间用逗号隔开,最后是分号＊/

变量在定义的过程中,应注意以下几点:

(1)类型标识符和被定义变量之间必须以空格分开,否则将出错。

(2)变量名与变量名之间用逗号分隔,最后一个变量名之后以分号结束。

(3)C＋＋保留了一些词用作关键字。关键字标识符不能再作为程序的标识符使用。C＋＋提供的关键字如表 2-2 所示。

表 2-2   C＋＋关键字

auto	bool	break	case	
catch	char	class	const	const_cast
continue	default	delete	do	double
dynamic_cast	else	enum	explicit	export
extern	false	float	for	friend
goto	if	inline	int	long
mutable	namespace	new	operator	private
protected	public	register	reinterpret_cast	return
short	signed	sizeof	static	static_cast
struct	switch	template	this	throw
true	try	typedef	typeid	typename
union	unsigned	using	virtual	void
volatile	wchar_t	while		

例如,以下是合法的标识符:

_stud,sum,Student_name,BASIC,li_ling6

以下是不合法的标识符及其说明:

5en   //标识符不能以数字开头

er－jksd   //标识符不能使用"－"号

H．Lng   //标识符不能使用"."号

Df jk   //标识符不能有空格

2.整型变量初始化

允许在定义变量时对它赋予一个初值,这称为"变量初始化"。初值可以是常量,也可以是一个有确定值的表达式。例如:

int a＝4,b＝23,c＝10,d;   //定义 a,b,c 为整型变量且赋初值,d 未赋初值

int a,b＝3＊6,c＝3＋sqrt(9);/＊表示定义了 a,b,c 为整型变量,对 b 初始化为 3＊6,对 c 初始化为 3＋sqrt(9) ＊/

例 2－2 变量的用法。

```
#include <iostream.h>
int main()
{
    unsigned short int width＝5,length;
    length＝10;
    unsigned short int area＝width＊length;
    cout<<"width:"<<width<<"\n";
    cout<<"length:"<<length<<endl;
    cout<<"area:"<<area<<endl;
        return 0;
}
```

输出结果:

width:5

length:10

area:50

分析:

第 1 行包含了输入输出流库所需要的 include 语句,以使 cout 可工作。

第 3 行中,变量 width 定义为无符号短整型,其值被初始化为 5,同时还定义了另一个无符号短整型 length,但未初始化。

第 4 行,值 10 被赋给 length。

第 5 行定义了无符号短整型 area,同时它被初始化为 width 与 length 的乘积。

第 6～8 行,将各变量的值打印到屏幕。请注意特殊词 endl 生成一个新行。

2.3 字符型数据

2.3.1 字符型常量的表示

C++中的字符常量用单引号定界起来的一个或多个字符,可以由字母 L 引导,如 L'a',这称为"宽字符常量",类型为 wchar_t。宽字符常量用来支持某些语言的字符集合,如汉语、日语,这些语言中的某些字符不能用单个字符来表示。

如果在字符常量前没有 L,则是普通(ordinary)字符常量。这种情况下,如果单引号中只界定了一个字符,则其类型为 char,其值等于所用字符集中该字符对应的编码值。如 '3'、'b' 和 ' ' 分别表示字符 3、字符 b 和空白字符。在内存中,字符数据以 ASCII 码存储,如字符 'a' 的 ASCII 码为 97,字符 '＊' 的 ASCII 码为 42。有些字符是可以显示的,如字母、数字和一些符号'! '、'#'、'+'、'@'、'/' 等,而有些字符不可显示,如 ASCII 码为 8 的字符表示退格(backspace),ASCII 码为 13 的字符表示回车等。

特殊字符如回车符、换行符等因无法正常显示,所以需要用特殊的方式表示。这些表示一般以转义字符 '\' 开始,后跟不同的字符表示不同的特殊字符,表2-3列出了常用的转义字符。

表 2-3　转义字符及其含义

符号形式	含义	ASCII 代码
\a	响铃	7
\n	换行,将当前位置移到下一行开头	10
\t	水平制表(跳到下一个 Tab 位置)	9
\b	退格,将当前位置移到前一列	8
\r	回车,将当前位置移到本行开头	13
\f	换页,将当前位置移到下页开头	12
\v	竖向跳格	8
\\	反斜扛字符 "\"	92
\'	单引号(撇号)字符	39
\"	双引号字符	34
\0	空字符	0
\ddd	1～3 位八进制数所代表的字符	
\xhh	1～2 位十六进制数所代表的字符	

转义字符虽然包含两个或多个字符,但它只代表一个字符。编译系统在见到字符"\"时,会接着找它后面的字符,把它处理成一个字符,在内存中只占一个字节。

2.3.2　字符型变量的定义和初始化

字符型变量中所存放的字符是计算机字符集中的字符。对于 PC 机上运行的 C++系统,字符型数据一般使用 ASCII 码表示。程序用类型说明符号 char 来定义字符型变量。例如:

char ch;

例 2—3　字符型变量的应用。

```
#include<iostream.h>
int main()
{
    char   c;          //定义字符变量c
    c='a';             //将 'a' 赋值给c
    cout<<c;           //显示 'a'
    c='b';             //将 'b' 赋值给c
    cout<<c;           //显示 'b'
    c='c';             //将 'c' 赋值给c
    cout<<c<<endl;     //显示 'c'
    return 0;
```

}

输出结果：

abc

字符变量分为有符号和无符号两种。对于无符号的字符型变量可以定义为：

unsigned char ch；

注意：除非定义为无符号型，否则在算术运算和比较运算中，字符变量一般作为有符号整型量处理。

2.3.3 字符型和整型的关系

将一个字符常量存放到内存单元中，实际上并不是把该字符本身放到内存单元中去，而是将该字符相应的 ASCII 码放到存储单元中。如果字符 c1 的值为 'a'，c2 的值为 'b'，则在变量中存放的是 'a' 的 ASCII 码 97，'b' 的 ASCII 码 98，如图 2-2(a)所示，实际上在内存中是以二进制形式存放的，如图 2-2(b)所示。

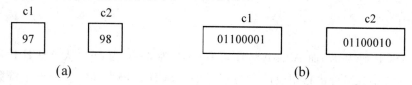

图 2-2

既然字符数据是以 ASCII 码存储的，它的存储形式就与整数的存储形式类似。这样，在 C++字符型数据和整型数据之间就可以通用。一个字符数据可以赋给一个整型变量，反之，一个整型数据也可以赋给一个字符变量。我们可以对字符数据进行算术运算，此时相当于对它们的 ASCII 码进行算术运算。

例 2—4 向字符变量赋予整数。

```
#include <iostream.h>
int main()
{
    char   c1,c2；
    c1＝97；
    c2＝98；
    int   c3,c4；
    c3＝'a'；
    c4＝'b'；
    cout<<c1<<" "<<c2<<endl；
    cout<<c3<<" "<<c4<<endl；
    return 0；
}
```

输出结果：

a b

97 98

可以看到：在一定条件下，字符型数据和整型数据是通用的。但是应注意字符数据只占一个字节，它只能存放 0～255 范围内的整数。

例2—5 字符数据与整数进行算术运算。下面程序的作用是将小写字母转换为大写字母。

```cpp
#include <iostream.h>
int main()
{
    char c1,c2;
    c1='a';
    c2='b';
    c1=c1-32;
    c2=c2-32;
    cout<<c1<<' '<<c2<<endl;
    return 0;
}
```

输出结果：

A B

a 的 ASCII 码为 97,而 A 的 ASCII 码为 65,b 为 98,B 为 66。从 ASCII 代码表中可以看到每一个小写字母比它相应的大写字母的 ASCII 代码大 32。C++字符数据与数值直接进行算术运算,a-32 得到整数 65,b-32 得到整数 66。将 65 和 66 存放在 c1,c2 中,由于 c1,c2 是字符变量,因此用 cout 输出 c1,c2 时,得到字符 A 和 B(A 的 ASCII 码为 65,B 的 ASCII 码为 66)。

2.4 实型数据

2.4.1 实型常量的表示

实型常量又称为"浮点型常量",浮点型常量可以被写成科学计数法形式或普通的十进制形式。

科学计数法,这种表示方法是通过被"e"或"E"分割的两部分来表示浮点数的,e 前面的是尾数部分,e 后面的是指数部分。例如:$-3.14E-5$ 表示 -3.14×10^{-5}。要注意尾数部分必须有数字,指数部分则必须为整数。

如果不在后面加上后缀,那么在默认状态下,浮点常量为 double 类型,在内存中所占字节数是 8 字节。但是,若加后缀 f 或 F,则表示 float 型常量,占 4 字节;若加后缀 l 或 L,则表示 long double 型常量,占 10 字节。

2.4.2 实型变量的定义和初始化

按照精度的不同需求,C++提供了 3 种不同的浮点类型。

```cpp
float    arr=5.78;              //定义 arr 为单精度变量,且对 arr 初始化为 5.78
double   arr_1;                 //定义 arr_1 为双精度变量
```

```
long double  arr_2;              //定义 arr_2 为长双精度变量
```

标准 C++不是根据浮点型数据所能容纳的位数来规定数据的范围,它们的范围取决于不同的 C++版本。标准头文件<cfloat>中包含了对范围进行说明的全局符号。

2.5 符号常量与常值变量

2.5.1 用符号代替常量的两种定义方法

符号常量指用名字表示的常量,就像表示一个变量一样。但与变量不同的是,常量一旦被初始化,其值就不能改变。

在 C++中有两种定义符号常量的方法。

1.用♯define 定义常量

定义符号常量的一般形式:

♯define 标识符 字符串

例如:

♯define PI 3.1415

则以后用到圆周率的地方都可以用 PI 来代替。

2.用 const 定义常量

尽管♯define 已能满足需要,但在 C++中有一种新的、更好的定义常量的方法。

由于 C 中没有提供 const,多年来用的 C 的早期版本编写的大量遗留代码都没有使用 const。因此,在旧版的 C 代码的软件工程中,可以有很多的改进余地。同样,很多程序员在开始编程的时候所用的 C 语言正是早期版本,所以尽管现在使用 ANSI C 和C++,却不在程序中使用 const。这些程序员丧失了很多实现良好软件工程的机会。如何定义常变量呢?

在定义变量时,如果加上关键字 const,则变量的值在程序运行期间不能改变,这种变量称为"常变量"(constant variable)。常变量定义的一般形式:

const 类型说明符 常量名=值;

或

类型说明符 const 常量名=值;

例如:

const int a=3;//用 const 来声明这种变量的值不能改变,指定其值始终为 3

在定义常变量时必须同时对它初始化(指定值),此后它的值不能再改变。常变量不能出现在赋值号左边。例如上面一行不能写成:

const int a;

a=3; //常变量不能被赋值

可以用表达式对常变量初始化,如:

const int a=5+9,d=cos(2);//a 的值被指定为 14,d 的值被指定为 cos(2)

但应注意,由于使用了系统标准数学函数 cos,则应在本程序开头加上以下♯include

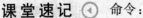

命令：

#include ＜cmath＞ 或 #include ＜math. h＞

请区别用#define命令定义的符号常量和用const定义的常变量。符号常量只是用个符号代替一个字符串，以预编译时把所有符号常量替换为所指定的字符串，它没有类型，在内存中并不存在以符号常量命名的存储单元。而常变量具有变量的特征，它具有类型，在内存中存在着以它命名的存储单元，可以用sizeof运算符测出其长度。与一般变量唯一的不同是指定变量的值不能改变。

2.5.2 符号常量应用举例

例2-6 符号常量的使用。

```
#include ＜iostream. h＞
#define  PI   3.1415   //注意这不是语句,末尾不要加分号
int main()
{
  float   r＝2.4;
  float   c;
  c＝2＊PI＊r;
  cout＜＜"c＝"＜＜c＜＜endl;
  return 0;
}
```

输出结果：

c＝15.077 8

程序中用预处理命令#define指定PI在本程序单位中代表常量3.141 5,此后凡在本程序单位中出现的PI都代表3.141 5,可以和常量一样进行运算。

2.5.3 使用符号常量的优点及注意事项

请注意符号常量虽然有名字，但它不是变量。它的值在其作用域(如例2-6其作用域为主函数)内不能改变，也不能被赋值。使用符号常量的好处是：在需要改变一个常量时能做到"一改全改"。

符号常量使用户能以一个简单的名字代替一个长的字符串，因此把这个标识符称为"宏名"，在预编译时将宏名替换成字符串的过程称为"宏展开"。使用符号常量时应注意以下几点。

(1)宏名一般习惯用大写字母表示，以与变量名相区别。

(2)用宏名代替一个字符串，可以减少重复书写某些字符串的工作，另外，避免了由于拼写错误而带来的麻烦，如例2-6将圆周率PI的值定义为一个符号常量，就省去了大量的输入工作，同时也避免了由于输入错误而产生的程序错误。

(3)宏定义是用宏名代替一个字符串，也就是作简单的转换，不作语法检查，即使是不合法的字符串也不作语法检查。

(4)宏定义不是C++语句，不必在行末加分号。

(5)#define命令出现在程序中函数外面，宏名的有效范围为定义命令之后到本源文

件结束。

(6)可以用♯undef命令终止宏定义的作用域。

(7)在进行宏定义时,可以引用已定义的宏名,可以层层置换。

(8)对程序中用双引号括起来的字符串内的字符,即使与宏名相同,也不进行置换。

2.6 运算符及表达式

2.6.1 运算符的优先级

运算符优先级决定了在表达式中各个运算符执行的先后顺序。高优先级运算符先于低优先级运算符进行运算。如果根据先乘后加减的原则,表达式"a＋b＊c"会先计算b＊c,将得到的结果再和a相加。在优先级相同的情形下,则按结合性进行运算。

当表达式中出现了括号时,会改变优先级。先计算括号中的子表达式值,再计算整个表达式的值。

表2-4列出了C＋＋的所有运算符集以及运算符的结合性,依优先级从高到低的顺序排列。

表2-4 运算符优先级表

优先级	运算符	含义	结合性
1	()	括号,函数调用	从左到右
	[]	数组访问	
	->	指向成员运算符	
	.	成员运算符	
	::	作用域运算符	
	++、--	后(右)自增、自减	
2	!	逻辑非	从右到左
	~	按位取反	
	++、--	前(左)自增、自减	
	+、-	正负号	
	*	取值	
	&	取地址	
	(type)	强制类型转换	
	sizeof	取类型长度	
3	->*、.*	成员指针运算	从左到右
4	*、/、%	乘、除、取模	从左到右
5	+、-	加、减	从左到右

课堂速记

优先级	运算符	含义	结合
6	<<、>>	左移位、右移位	从左到右
7	<、<=、>、>=	关系小于、小于或等于、大于、大于或等于	从左到右
8	==、!=	等于、不等于	从左到右
9	&	按位与	从左到右
10	^	按位异或	从左到右
11	|	按位或	从左到右
12	&&	逻辑与	从左到右
13	||	逻辑或	从左到右
14	?:	条件运算	从右到左
15	= +=、-=、*=、/=、%=、&=、^=、|=、<<=、>>=	赋值运算符及复合赋值运算符	从右到左
16	,	逗号运算	从左到右

表 2-4 中优先级为 2 的＋运算符和－运算符是单目加和单目减运算符。优先级为 5 的是双目加和双目减运算符。依据参与运算的操作数的个数,运算符号可被分为单目运算符、双目运算符和三目运算符。本章只介绍部分运算符,其他的在后续章节中会进一步讨论。

依据参与运算的操作数的个数,运算符号又可分为单目运算符、双目运算符和三目运算符等。

C++编译器会将尽可能多的运算符自左向右地组合在一起构成一个运算符号。例如:a+++b 表示为(a++)+b 而不是 a+(++b)。

C++的表达式是根据某种约定、求值次序、运算符号的结合方向和优先级规则来完成计算的。

2.6.2 运算符的结合性

运算符的结合性是指当出现同等优先级的运算符时应该先做哪个操作,分为两种情况,即左结合性(自左至右)和右结合性(自右至左)。例如,算术运算符的结合性是自左自右,即先左后右。如有表达式 x－y＋z 则 y 应与“－”号结合,执行 x－y 运算,然后再执行＋z 的运算。这种自左至右的结合方向就称为“左结合性”,而自右至左的结合方向称为“右结合性”。

2.6.3 算术运算符和算术表达式

算术运算符提供了最基本的计算功能。C++提供了如下 5 种算术运算符:

(1)＋(加法运算符,或正值运算符),如 3＋5,＋3。

(2)－(减法运算符,或负值运算符),如 5－2,－3。

(3)＊(乘号运算符)。如 3＊5。

(4)/(除号运算符),如 5/3。

(5)％(模运算符,或称"求余运算符",％两侧均应为整型数据),如 7％4 的值为 3。

需要说明,两个整数相除的结果为整数,如 5/3 的结果值为 1,舍去小数部分。但是如果除数或被除数中有一个为负值,则舍入的方向是不固定。例如,－5/3 在有的 C＋＋系统上得到结果－1,有的 C＋＋系统则给出结果－2。多数编译系统采取"向零取整"的方法,即 5/3 的值等于 1,－5/3 的值等于－1,取整后向零靠拢。

如果参加＋、－、＊、/运算的两个数中有一个数为 float 型数据,则运算的结果是 double 型,因为 C＋＋在运算时对所有 float 型数据都按 double 型数据处理。

例如,已知 2＊(2＋1)－10％3 就是一个算术表达式。

在算术表达式中,可以用括号来改变计算次序。计算时,先计算括号内表达式的值,再将计算结果与括号外的数一起计算,例如:

2＊(2＋1)－10％3＝2＊3－10％3＝6－1＝5

注意:％只能用于整数相除,不能对浮点数操作。

2.6.4 自增和自减运算符

在 C＋＋中,常在表达式中使用自增(＋＋)和自减(－－)运算符,它们的作用是使变量的值增 1 或减 1。自增、自减运算符各有两种用法。

运算符前置用法:

(1)＋＋i(在使用 i 之前,先使 i 的值加 1,如果 i 的原值为 3,则执行 j＝＋＋i 后,j 的值为 4,i 的值为 4)

(2)－－i(在使用 i 之前,先使 i 的值减 1,如果 i 的原值为 3,则执行 j＝－－i 后,j 的值为 2,i 的值为 2)

运算符后置用法:

(1)i＋＋(在使用 i 之后,使 i 的值加 1,如果 i 的原值为 3,则执行 j＝i＋＋后,j 的值为 3,然后 i 变为 4)

(2)i－－(在使用 i 之后,使 i 的值减 1,如果 i 的原值为 3,则执行 j＝i－－后,j 的值为 3,然后 i 变为 2)

粗略地看,＋＋i 和 i＋＋的作用相当于 i＝i＋1,但＋＋i 和 i＋＋不同之处在于＋＋i 是先执行 i＝i＋1 后,再使用 i 的值;而 i＋＋是先使用 i 的值,再执行 i＝i＋1。例如:

```
int a=3;b=a++;              //等价于 b=a;a=a+1;
int a=3;b=a--;              //等价于 b=a;a=a-1;
int a=3;b=++a;              //等价于 a=a+1;b=a;
int a=3;b=--a;              //等价于 a=a-1;b=a;
```

正确使用＋＋和－－,可以使程序简洁、清晰、高效。

使用自增和自减运算符时应注意以下几点:

(1)自增运算符(＋＋)和自减运算符(－－)只能和整型或指针类型的左值表达式一起使用。例如:

```
5++                //使用常量
(a+b)++            //使用表达式
```

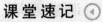

因为 5 是常量,常量的值不能改变。(a+b)++也不可能实现,假如,(a+b)的值为 5,那么自增后得到的 6 放在什么地方呢?无变量单元可供存放。例如:

```
const int x=0;
    x++;                        //(x+1)不具有左值特征
double y;
    y++;                        //y 不是整型
```

前置自增(自减)表达式具有左值特征,而后置自增(自减)表达式不具有左值特征。例如:

```
++i=5;                        //正确
i++=5;                        //错误
```

(2)++和――的结合方向是"自右至左"。例如,―i++,i 的左面是负号运算符,右面是自加运算符。

如果按左结合性,相当于(―i)++,而(―i)++是不合法的,因为对表达式不能进行自加自减运算。

由于负号运算符和"++"运算符同优先级,而结合方向为"自右至左"(右结合性),即相当于―(i++),如果 i 的原值等于 3,cout<<―i++,则先取 i 的值 3,输出―i 的值―3,然后 i 增值为 4。注意―(i++)是先用 i 的原值 3 加上负号输出―3,再使 i 加 1,不要认为先加完 1 后再加负号,输出―4,这是不对的。

(3)自增运算符(++)和自减运算符(――)使用十分灵活,但在很多情况下可能出现歧义性,产生意想不到的副作用。例如:

```
int i=4;
cout<<i++<<" "<<i++;
```

请问应该输出多少呢?大多数读者会认为应输出"4 5"。实际上输出"5 4"。因为许多编译系统在处理输出流时,先按自右向左的顺序对各输出项求值,最先处理的是右边的 i++,得到应输出的值为 4,然后 i 自加 1 变成 5,再处理左边的 i++,得到应输出的值为 5,然后 i 自加 1 变成 6。最后将 5 和 4 输出。例如:

```
int i=3,j;
j=(i++)+(i++)+(i++)
cout<<j;
```

输出结果为多少呢?许多人认为先求第 1 个括号内的值,得到 3,再实现 i 的自加,i 值变为 4,再求第 2 个括号内的值,得到 4⋯这样,表达式相当于 3+4+5,即 12。而实际上大多数 C++系统把 3 作为表达式中所有 i 的值,因此 3 个 i 相加,得到表达式的值为 9;在求出整个表达式的值后再实现自加 3 次,i 的值变为 6。由上两例可知,在求解++和――运算符时在不同系统中可能得到不同的结果,因此在编写程序时尽量避免出现这种歧义性。如果编程者希望求解表达式(i++)+(i++)+(i++)时得到结果为 12,同时 i 的值为 6,可以写成下列语句:

```
i=3;
a=i++;
b=i++;
c=i++;
d=a+b+c;
```

执行完上述语句后,d 的值为 12,i 的值为 6。虽然语句多了,但不会引起歧义,无论程序移植到哪一种C++编译系统运行,结果都一样。

2.6.5 关系运算符和关系表达式

在解决许多问题时都需要进行情况判断,如"score>90"就不是算术运算,而是关系运算。实际上是比较运算,将两个数据进行比较的结果。"score>90"在此称它为"关系表达式",其中">"是一个比较符,称为"关系运算符"。

C++的关系运算符有:

(1)< (小于)

(2)<= (小于或等于)

(3)> (大于)

(4)>= (大于或等于)

(5)== (等于)

(6)!= (不等于)

关系运算符是二元运算符,用于比较两个运算数,当结果为 true 或非零时,对应的值为1,否则为0。其结合性是从左到右,<、<=、>、>=运算符的优先级相同,== 和!=运算符的优先级相同,前者运算符的优先级高于后者。关系运算符的优先级低于算术运算符。

例如:当 a=2,b=7,c=1

c>a+b   等价于 c>(a+b)   结果为 false

a+b>b+c   等价于 (a+b)>(b+c)   结果为 true

关系运算符一般用于比较相同类型的数据,比较不同类型的数据会产生无法预测的结果,在程序中最好不应该使用包含不同数据类型的比较。例如,下面的关系表达式比较一个整数和一个字符:

8>'3'

C++编译系统将其转换成 8 与 ASCII(51)的比较。

注意:使用浮点数进行相等(==)和不相等(!=)比较时,在两个数相近时可能出现问题,一般总是使用两者相减的值是否落在零的邻域中来判断。

2.6.6 逻辑运算符和逻辑表达式

逻辑运算符用于连接关系表达式,由逻辑运算符构成的表达式称为逻辑表达式,其运算结果为 1(true)或 0(false)。C++中的逻辑运算符如下:

(1)! (逻辑非)

(2)&& (逻辑与)

(3)|| (逻辑或)

其中,逻辑非的优先级最高,逻辑与次之,逻辑或最低。

表 2-5 逻辑运算的"真值表",用它表示当 a 和 b 的值为不同组合时,各种逻辑运算所得到的值。

表2-5 逻辑运算的"真值表"

a	b	! a	! b	a&&b	a‖b
1	1	0	0	1	1
1	0	0	1	0	1
0	1	1	0	0	1
0	0	1	1	0	0

由上表可知,只有逻辑与(&&)操作符的两个操作数都为 true 时,结果才为 true。对于逻辑或(‖)操作符,只要两个操作数之一为 true,它的值为 true。这些操作数被保证按从左至右的顺序计算。只要能够得到表达式的值(true 或 false),运算就会结束。给定以下表达式:

expr1 && expr2

expr1 ‖ expr2

如果下列条件有一个满足:

• 在逻辑与表达式中,expr1 的计算结果为 false;

• 在逻辑或表达式中,expr1 的计算结果为 true;

则保证不会计算 expr2。例如:

int a=3,b=4;

a>3&&b=5   //表达式的结果为 false,b 的值仍然保持 4

a<=3‖b=5   //表达式的结果为 true,b 的值仍然保持 4

2.6.7 赋值运算符和赋值表达式

赋值运算符("=")用于改变变量的值,它是先求出右表达式的结果,然后再将结果赋给左侧的变量。当给该变量赋予新的值时,这个新值会取代该变量内存单元中先前的值,先前的值被破坏了。

C++提供了最简单的赋值运算符"="及其复合赋值运算符(+=、-=、*=、/=、%=等)。带有赋值运算符的表达式被称为"赋值表达式"。在赋值表达式中,左值是指出现在赋值运算符左边的各种变量,右值是指出现在赋值运算符右边的各种可求值的表达式。

1.简单赋值运算符"="

简单赋值运算符"="的一般格式为:

变量=表达式

例如:

    int i;

    i=2*(6+1);   //i 的值变为 14

赋值运算符的结合性是从右到左的,因此,C++程序中可以出现连续赋值的情况。例如,下面的赋值是合法的:

    int i,j,k;

    i=j=k=8;// i,j,k 都赋值为 8

2.赋值过程中的类型转换

如果赋值运算符两侧的类型不一致,但都是数值型或字符型时,在赋值时会自动进

行类型转换。

(1)将浮点型数据(包括单、双精度)赋给整型变量时,舍弃其小数部分。如 i 为整型变量,执行"i＝4.67"的结果是使 i 的值为 4,在内存中以整数形式存储。

(2)将整型数据赋给浮点型变量时,数值不变,但以指数形式存储到变量中。如要执行"f＝42",将 42 赋给 float 型变量 f,按单精度指数形式存储在 f 中。如要执行"d＝42",即将 42 赋给 double 型变量 d,则将 42 以双精度指数形式存储到 d 中。

(3)将一个 double 型数据赋给 float 变量时,要注意数值范围不能溢出。

(4)字符型数据赋给整型变量,将字符的 ASCII 码赋给整型变量。

(5)将一个 int、short 或 long 型数据赋给一个 char 型变量,只将其低 8 位原封不动地送到 char 型变量(发生截断)。

(6)将 signed(有符号)型数据赋给长度相同的 unsigned(无符号)型变量,将存储单元内容原样照搬(连原有的符号位也作为数值一起传送)。

例 2-7 将有符号数据传送给无符号变量。

```
int main()
{
    unsigned short a;
    short int b＝－1;
    a＝b;
    cout<<"a＝"<<a<<endl;
    return 0;
}
```

输出结果:

a＝65535

有的读者可能会感到奇怪:b 赋值是－1,怎么会得到 65 535 呢? 请看如图 2-3 所示的赋值情况。

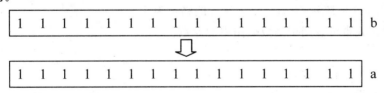

图 2-3

－1 的补码形式为 1111111111111111(即全部 16 个二进制位均为 1),将它传送给 a,而 a 是无符号型变量,16 位 1 是十进制的 65 535。如果 b 为正值且 0~32 767 之间,则赋值后数值不变。

3. 复合赋值运算符

复合赋值运算符实际上是一种缩写,使得对变量的改变更为简洁。C＋＋允许所有的双目运算符可以和赋值运算符构成复合赋值运算符。例如:

a＋＝3   等价于 a＝a＋3

x＊＝y＋8   等价于 x＝x＊(y＋8)

x％＝3   等价于 x＝x％3

复合赋值运算符的含义是将被赋值变量自身做某种操作之后的结果赋值给该变量。例如:

```
int   a＝12;
a＋＝a;
```
表示：
```
a＝(a＋a)＝(12＋12)＝24
```
又如：
```
int   a＝12;
a＋＝a－＝a＊＝a;
```
表示：
```
a＝a＊a＝12＊12＝144
a＝a－a＝144－144＝0
a＝a＋a＝0＋0＝0
```

注意：赋值运算符左边必须是一个左值，即它必须代表一个有效的内存地址，必须能给它赋值。常量不能作为左值，一般的表达式如 a＋b＊c 也不能作为左值，因为它只代表一个值，不代表一个内存地址。

2.6.8   逗号运算符和逗号表达式

在 C＋＋中，多个表达式可以用逗号分开。其中，用逗号分开的表达式被从左至右分别计算，并且整个表达式的值是最后一个表达式的值。

逗号表达式的一般形式：

表达式 1,表达式 2,…,表达式 n

例如：
```
int   n＝2;
n＋＝3,n＝15,n－＝10;
```

该表达式求解过程为：先求解表达式 1：n＋＝3→n＝5,再求解表达式 2：n＝15→n＝15,最后求解 n－＝10→n＝5,整个表达式的结果为 5。

逗号表达式也可以用于函数调用中的参数。

例如：
```
func(n,(j＝1,j＋4),k)
```

该函数调用 3 个参数,中间的参数是一个逗号表达式。括号是必须的,否则,该函数有 4 个参数。

又如：
```
①x＝(a＝3,6＊3)
②x＝a＝3,6＊3
```

第①个是一个赋值表达式,将一个逗号表达式的值赋给 x,x 的值等于 18。第②个是逗号表达式,它包括一个赋值表达式和一个算术表达式,x 的值为 3。

例 2－8   用逗号分隔开的表达式。
```
＃include ＜iostream. h＞
int main()
{
    int val,amt,tot,cnt;
    amt＝40;
```

```
tot=28；
cnt=49；
val=(amt++,++tot,cnt+3)；
cout<<val；
return 0；
}
```

输出结果：

52

如果没有括号,那么变量 val 得到的赋值就是变量 amt 自增前的值,这是因为赋值运算符比逗号运算符具有更高的优先级。

注意:逗号运算符的优先级最低。

2.6.9 条件运算符和条件表达式

条件运算符是 C++中唯一具有 3 个操作数的运算符,每个操作数又可以是表达式的值。由条件运算符构成的表达式称为条件表达式。条件表达式的一般形式。

表达式1? 表达式2:表达式3

条件表达式的执行顺序是:先求解表达式 1,若为非 0(真)则求解表达式 2,此时表达式 2 的值就作为整个条件表达式的值。若表达式 1 的值为 0(假),则求解表达式 3,此时表达式 3 的值就作为整个条件表达式的值。

例如,以下表达式返回 a 和 b 中的最大值:

max=a>b? a:b

计算过程是:当 a>b,max=a;否则 max=b。

注意:条件运算符优先于赋值运算符,低于逻辑运算符和算术运算符,条件运算符遵循右结合性。

例2-9 分析条件表达式 a>b? a:c>d? c:b。

该表达式相当于 a>b? a:(c>d? c:b)。当 a>b 时,返回 a。当 a≤b 时,若 c>d 时,返回 c;否则返回 b。

例2-10 编写一个表达式,判断字符 ch 是否为大写字母,若是,将 ch 转换成小写字母;如果不是,则不进行转换。

满足题意的条件表达式如下:

ch=(ch>='A'&&ch<='Z')? (ch+32):ch

2.7 数据类型的自动转换和强制转换

在 C++中,大部分双目运算只在相同数据类型的数据之间进行,当双目运算符号两端出现不同数据类型的数据时,则应该转换成相同数据类型之后再进行运算。转换的方式有两种,即自动类型转换和强制类型转换。

2.7.1 自动类型转换

自动类型转换是由编译器自动完成的,在诸如算术运算、关系运算符的运算中,如果参与运算的操作数类型不一致,编译系统会自动完成数据类型转换,转换的基本原则是将低类型数据转换为高类型数据。这里,所谓的数据类型高低是指能够表示数据范围的大小和精度的高低。其转换方向如图2-3所示。

图 2-3

需要注意,自动类型转换是把一个运算符号两端的操作数转换为相同类型,并不是针对整个表达式进行的,这种转换是一次性完成。

例 2—11 分析 10+'a'+2*1.25—5.0/4L

整个表达式计算顺序如下:

(1)先进行 2*1.25 的运算,将 2 和 1.25 都转换为 double 型,结果为 double 型的 2.5。

(2)将 5.0 和长整型 4L 转换为 double 型,5.0/4L 结果为 double 型的 1.25。

(3)进行 10+'a' 运算,先将 'a' 转换成整数 97,运算结果为 107。

(4)整数 107 和 2.5(2*1.25 的运算结果)相加,将 107 转换成 double 型再相加,结果为 double 型的 109.5。

(5)进行 109.5—1.25(5.0/4L 的运算结果)的运算,结果为 double 型的 108.25。

注意:由于不同类型所占存储空间不同,在进行转换时,可能导致数据值发生变化而带来错误结果。

例 2—12 分析 (17<4*3+5)||(8*2==4*4)&&!(3+3==6) 逻辑表达式的计算过程。

解:该表达式中包含有算术运算符 * 和 +,关系运算符 ==,逻辑运算符 !、|| 和 &&,另外还包含有括号。因此整个表达式的计算顺序如下:

(17<4*3+5) || (8*2==4*4) &&! (3+3==6)

=(17<12+5) || (16==16) &&! (3+3==6)

=(17<17) || true&&! (true)

=false || true&&false

=false || false

=false

所以原始逻辑表达式的值为 false,即为 0。

2.7.2 强制类型转换

强制类型转换是程序员显式指出的类型转换。其作用是将表达式的结果类型转换为数据类型所指定的类型,主要用于系统无法进行自动转换或自动转换不能达到要求的情况。

在 C++中,数据类型转换有如下几种形式:

(1)数据类型(表达式)

课堂速记

（2）（数据类型）表达式

（3）static_cast ＜数据类型＞（表达式）

（4）reinterpret_cast ＜数据类型＞（表达式）

（5）dynamic_cast ＜数据类型＞（表达式）

（6）const_cast ＜数据类型＞（表达式）

其中，"数据类型"是任何合法的C＋＋数据类型，例如 float、int 等。其功能是先计算"表达式"的值，然后将该值转换成"数据类型"指定的数据类型值。

前两种形式称为"类C转型"，它们是在进行类型识别并转换；static_cast 与 C 转型实现相同的功能，但比类 C 转型更稳定，因为 static_cast 是在编译时检查类型并进行转换。

reinterpret_cast 转换方式并不对被转换的表达式求值，它什么也不做，只是强制逃避编译的类型检查而已，一般用来转换不同类型的指针，对于需要求值计算的表达式它会拒绝转换。

dynamic_cast 是在运行时进行类型识别并转换，用于在类继承层次中从一个类型安全地转换为派生类型。

const_cast 是进行 const/volatile 的转换。

例如：

```
(double)a                //将 a 转换成 double 类型
(int)(x＋y)               //将 x＋y 的值转换成整型
(float)(5％3)            //将 5％3 的值转换成 float
```

又如：

```
double   f＝3.98;
int    a＝(int)f;                     //正确:等价于自动转换 int   a＝f;
int    b＝ static_cast<int>(f);       //正确:等价于自动转换 int   a＝f;
int    c＝ reinterpret_cast<int>(f);   //错误:不能进行转换
int    ＊p＝ reinterpret_cast<int ＊>(&f);//正确
int    static_cast<int ＊>(&f);        //错误:不能进行转换
```

注意:强制类型转换并不能改变原表达式的类型，它只是将原表达式的值读出，求得转换，返回其结果。

例 2－13 分析以下程序的执行结果。

```
#include <iostream. h>
int main()
{
    double a＝1.23456;
    int b＝(int)(a＋2.5);
    int c＝static_cast<int>(a＋2.5);
    cout<<"a＝"<<a<<",b＝"<<b<<endl;
    cout<<"a＝"<<a<<",c＝"<<c<<endl;
    return 0;
}
```

输出结果：

a＝1.23456,b＝3

a＝1.23456,c＝3

从中看到,a 的值始终没有改变,只是将 a＋2.5 的求值结果(3.734 56)转换成整数 3。

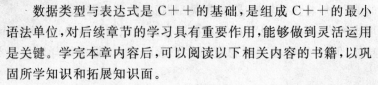

课后延伸

数据类型与表达式是 C＋＋的基础,是组成 C＋＋的最小语法单位,对后续章节的学习具有重要作用,能够做到灵活运用是关键。学完本章内容后,可以阅读以下相关内容的书籍,以巩固所学知识和拓展知识面。

教育部考试中心.全国计算机等级考试二级教程:C＋＋程序设计[M].北京:高等教育出版社,2010.

闯关考验

一、选择题

1.下列数据类型不是 C＋＋基本数据类型的是(   )。

A. 字符型   B. 整型   C. 浮点型   D. 数组

2.下列数中哪一个是 8 进制数(   )。

A. 0x1g   B. 010   C. 080   D. 01b

3.下列变量名的写法中,正确的是(   )。

A. byte－size   B. CHINA   C. double   D. A+a

4.若 char x＝97,则变量 x 包含(   )个字符。

A. 1   B. 2   C. 4   D. 8

5.下列字符常量的写法中,错误的是(   )。

A.'\105'   B.'*'   C.'\4f'   D.'\a'

6.设 n＝10,i＝4,则赋值运算 n％＝i＋1 执行后,n 的值是(   )。

A. 0   B. 3   C. 2   D. 1

7.如果 a＝2,b＝1,c＝4,d＝3,则条件表达式 a＜b? a:d＜c? d:c 的值是(   )。

A. 1   B. 2   C. 3   D. 4

8.已知 a＝1,b＝2,c＝3,则表达式＋＋a||－－b&＆＋＋c 的值是(   )。

A. 1   B. 2   C. 3   D. 0

9.设有定义 int i;float f;double d;long e,则表达式 10+'a'+i＊f－d/e 值的数据类型是(   )。

A. int   B. float   C. double   D. 不确定

10.表达式 18/4＊sqrt(4.0)/5 值的数据类型是(   )。

A. int   B. float   C. double   D. 不确定

二、填空题

1. C++标识符是以字母或_____开头的,由字母、数字、下划线组成。

2. 在C++中,char型数据在内存中的存储形式是_____。

3. 符号常量可以用宏定义#define和_____表示。

4. 转义字符序列中的首字符是_____。

5. 表达式 cout<<'\n';还可以表示为_____。

三、简答和编程题

1. 判断下面的标识符是否合法:

class、public、Xyz、7high、union、3jjj、_you

2. 字符常量和字符变量有什么区别?

3. 写出以下每个C++表达式。

(1) −10 乘以 a

(2) 值为 8 的字符

(3) (b2−4ac)/2a

(4) (−b+(b2−4ac))/2a

4. 定义如下变量:"int a=10;",则表达式 a<=10?20:30 的结果是多少?

5. 定义如下变量:"int a=2,b=3;float x=3.5,y=2.5;",则表达式(float)(a+b)/2+(int)x%(int)y 的结果是多少?

6. 请写出下面表达式运算后 a 的值,设原来 a=12。设 a 和 n 已定义为整型变量。

(1) a+=a

(2) a*=2+5

(3) a%=y/=3,y 的值等于 8

(4) a+=a%=a−=−a++

7. 请先阅读程序,分析应输出的结果。

```cpp
#include <iostream>
using namespace std;
int main()
{
    int i,j,m,n;
    i=8;
    j=10;
    m=++i+j++;
    n=(++i)+(++j)+m;
    cout<<i<<'\t'<<j<<'\t'<<m<<'\t'<<n<<endl;
    return 0;
}
```

8. 编程:编写一个程序,输入一个 3 位数,分别输出该数的百位、十位和个位。

第 **3** 章

控制语句

目标规划

（一）知识目标

掌握 C++的输入输出；掌握 if 选择语句和 switch 选择语句的语法、功能和工作原理；掌握 do、do-while 和 for 3 种循环语句的语法、功能和工作原理；掌握预处理指令的语法和功能。

（二）技能目标

掌握利用 if 语句解决实际应用的操作技能；掌握通过运用 switch 语句解决多分支选择应用的操作方法；熟练掌握应用循环语句的操作方法。

课前热身随笔

本章穿针引线

控制语句

- 数据的输入输出 —— 数据的输出
  数据的输入

- 条件分支结构 —— if语句
  switch语句
  条件运算符及条件表达式

- 循环语句和循环结构 —— while语句
  do-while语句
  for语句
  循环结构的嵌套

- break语句和continue语句的使用 —— break语句
  continue语句

- 预处理指令 —— 文件包含
  宏定义
  条件编译

- 编程示例

语句(statement)是构成C++程序的基本单位,程序的编写离不开语句。在求解一个问题时,我们需要对问题进行分解,然后用C++的语句去实现。C++中的语句有多种类型,如声明语句、表达式语句等等,其中有一类语句可以控制程序的流程,这类语句就称为"控制语句"。根据语句在C++程序中执行的顺序,可以将程序分为3种基本的结构:顺序结构、选择结构和循环结构。每一个程序的结构都是其中的一种或几种的结合。顺序结构是最简单的一种结构,在这种结构中程序中的每条语句按照排列顺序会被逐条执行。而选择结构和循环结构的实现就要依赖于控制语句的设计,这也是本章我们重点研究的内容。

3.1 数据的输入输出

输入是指将数据从外部设备传送到计算机内存的过程;输出则是将运算结果从计算机内存传送到外部输出设备的过程,本节主要介绍通过标准输入设备和标准输出设备进行输入/输出的方法。

C/C++本身并不带输入和输出(即I/O)功能,而是提供了输入输出库,也称为"I/O库"。通过I/O库,我们可以完成输入和输出的操作。大多数C程序使用一种称为stdio(标准I/O)的I/O库,该库也能够在C++中使用。但是,在C++程序中,一种称为iostream(I/O流库)的I/O库用得更多。

在C++中,I/O使用了"流"的概念——"字符(或字节)流"。每一个I/O设备传送和接收一系列的字节,称之为"流"。输入操作可以看成是字符从一个设备流入内存,而输出操作可以看成是字节从内存流出到一个设备。我们也可以这样理解:从流中获取数据的操作称为"提取操作",向流中添加数据的操作称为"插入操作"。数据的输入/输出是通过I/O流实现的,相应的操作符为cin和cout,它们被定义在iostream.h头文件中。在需要使用cout和cin时,要用编译预处理中的文件包含命令#include将头文件(iostream.h)包含到用户的源文件中,即

#include<iostream.h>

3.1.1 数据的输出

1.无格式输出

输出cout的作用是向输出设备输出若干个任意类型的数据。cout必须配合操作符<<(又称为"输出操作符")使用,用于向cout输出流中插入数据,引导待输出的数据输出到屏幕上。

使用cout输出数据的格式为:

cout<<输出项1<<输出项2<<…<<输出项n;

其中,"输出项"是需要输出的一些数据,这些数据可以是变量、常量或表达式。每个输出项前必须使用插入操作符<<进行引导。

在cout中,实现输出数据换行功能的方法是,既可以使用转义字符\n,也可以使用表示行结束的流操作符endl。

例 3－1 输出变量、常量和表达式。

```
#include<iostream.h>
void main()
{
    int a=10;
    double b=20.3;
    char c='y';
    cout<<a<<','<<b<<','<<c<<','<<a+b<<endl;
    cout <<200<<','<<2.5<<','<<"hello\n";
}
```

输出结果为：

10,20.3,y,30.3

200,2.5,hello

上例中,双引号括起来的内容原样输出,其中\n 与 endl 相同,都表示换行。

2. 格式输出

使用 cout 进行数据输出时,无论处理什么类型的数据,都能够自动按照正确的默认格式处理。但有时这还不够,因为我们经常会需要设置特殊的格式。例如:

double ave＝9.400067;

如果希望显示的是 9.40,即保留两位小数,可以使用语句:

cout<<ave;

但只能显示为 9.40007。因为对于浮点数来说,系统默认显示 6 位有效位。C＋＋提供了控制符(manipulators)用于对 I/O 流格式进行设置,控制符是在头文件 iomanip.h 中定义的对象,可以直接将控制符插入流中。使用控制符时,要用文件包含命令 #include 将头文件(iomanip.h)包括到用户的源文件中,设置格式有很多种方法,表 3-1 中列出了几种常用的控制符。

表 3-1 I/O 流的常用控制符

控制符	描述
dec	以十进制方式输出
oct	以八进制方式输出
hex	以十六进制方式输出
setfill(c)	设填充字符 c
setprecision(n)	设浮点数的有效位数为 n
setw(n)	设域宽为 n 个字符
setiosflags(ios::fixed)	固定的浮点显示
setiosflags(ios::scientific)	指数表示
setiosflags(ios::left)	左对齐
setiosflags(ios::right)	右对齐
setiosflags(ios::skipws)	忽略前导空白
setiosflags(ios::uppercase)	十六进制数大写输出
setiosflags(ios::lowercase)	十六进制数小写输出
setiosflags(ios::showpoint)	显示小数点
setiosflags(ios::showpos)	显示正数符号

例3-2 输出变量 amount 的值,小数点后面保留两位有效数字。

```
#include<iostream. h>
#include<iomanip. h>
void main()
{
    double amount=22.0/7;
    cout<<amount<<endl;
    cout<<setprecision(2)<<amount<<endl;
    cout<<setiosflags(ios::fixed)<< setprecision(2)<<amount<<endl;
}
```

运行结果为:

3. 14286

3. 1

3. 14

程序中,第一行输出数值之前没有设置有效位数,所以使用流的有效位数默认设置值 6;在第 2 个输出设置中,setprecision(n)中的 n 表示有效位数;在第 3 个输出设置中,使用 setiosflags(ios::fixed)设置为定点输出后,与 setprecision(n)配合使用,其中的 n 表示小数位数,而非全部数字个数。

当最后一条语句改为:

cout<<setiosflags(ios::scientific)<<setprecision(2)<<amount<<endl;

可以控制变量以指数方式输出,此时 amount 的输出结果为:

3. 14e+000

在用指数形式输出时,setprecision(2)表示小数位数。另外,当设置小数后面的位数时,对于截短部分的小数位数按四舍五入处理。

3.2.2 数据的输入

在 C++中,数据的输入通常采用输入流对象 cin 完成。cin 在用于输入数据时,不管是哪种数据类型,使用的格式都相同。也正是由于这一特点,C++程序员大多使用 cin 读取数据,而不用 scanf 函数。

使用 cin 将数据输入到变量的格式为:

cin>>变量 1>>变量 2>>…>>变量 n;

例3-3 变量的输入。

```
#include<iostream. h>
void main()
{
    int a;
    double b;
    char c;
    cin>>a>>b>>c;
    cout<<"a="<<a<<",b="<<b<<"\nc"<<c<<"\n";
}
```

运行时,从键盘输入:

10 20.3 x

这时,变量 a、b、c 分别获取值 10、20.3、'x',则输出结果为:

a＝10,b＝20.3

c＝x

使用 cin 时的注意事项如下:

(1)"＞＞"是输入操作符,用于从 cin 输入流中取得数据,并将取得的数据传送给其后的变量,从而完成输入数据的功能。

(2)cin 的功能是,当程序在运行过程中执行到 cin 时,程序会暂停执行并等待用户从键盘输入相应数目的数据;用户输入完数据并按回车键后,cin 从输入流中取得相应的数据并依次传送给其后的变量。

(3)"＞＞"操作符后面除了变量名外不得有其他常量、字符、字符串常量或转义字符等。例如:

cin＞＞"a＝"＞＞a;   //错误,因为含有字符串"a＝"

cin＞＞'a'＞＞a;   //错误,因为含有字符 'a'

cin＞＞a＞＞10;   //错误,因为含有常量 10

cin＞＞a＞＞endl;   //错误,因为含有 endl

(4)当一个 cin 后面跟有多个变量时,用户输入数据的个数应与变量的个数相同。各数据之间用一个或多个空格隔开,输入完毕后按回车键;或者,每输入一个数据后按回车键。

(5)当程序中用 cin 输入数据时,建议在该语句之前用 cout 输出一个需要输入数据的提示信息,以正确引导和提示用户输入正确的数据。例如:

cout＜＜"请输入一个整数";

cin＞＞a;

3.2 条件分支结构

在解决一个实际问题时,经常会遇到需要根据给定的条件求出相应结果的情况。这种根据一定的条件,选择对应的操作语句的程序结构,称为"条件分支结构"。在 C＋＋中条件分支结构主要由 if 语句和 switch 语句来实现。下面对两种语句作详细介绍。

3.2.1 if 语句

if 语句的执行就是对给定的条件进行判断,根据判断的结果决定程序执行的流程。if 语句有以下 3 种基本结构。

1. if 语句一般形式

if(表达式) 语句

该结构的功能是:对括号中的表达式进行计算,如果表达式的值为"真"(非 0 值),则执行表达式后面的语句;若表达式的值为"假",程序执行时则跳过 if 语句,而进行后面的内容。if 语句执行流程如图 3-1(a)所示。在使用 if 语句时注意以下几点。

(1)if 是关键字,书写时一定要正确。

(2)表达式不仅可以是值为逻辑值的关系表达式或逻辑表达式,而且还可以是其他形式的表达式,甚至可以是赋值表达式,必须用一对括号将表达式括起来。

(3)语句可以是单条语句,也可以是复合语句。

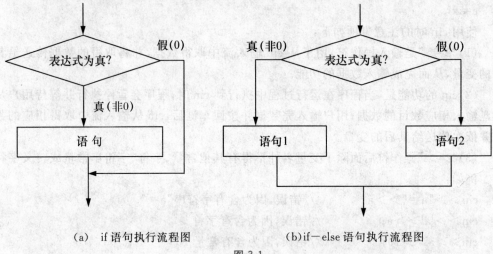

(a) if 语句执行流程图   (b)if－else 语句执行流程图

图 3-1

例如:

if(a<b) cout<<a<<endl;   /＊如果 a 的值小于 b 的值,则输出 a,否则,程序执行时跳过 if 的语句＊/

例 3－4   if 语句应用示例。

```cpp
#include <iostream. h>
int main()
{int a＝12,b＝76,c＝6,t＝8;
 if(a>b) t＝a;a＝b;b＝t;
 if(a>c) t＝a;a＝c;c＝t;
 cout<<a<<','<<b<<','<<c<<endl;
 return 0;
}
```

程序运行后的输出结果是:

6,8,76

分析:在 main 函数体首行定义了 4 个整型变量 a、b、c 和 t,并对 4 个变量进行了初始化。程序执行遇到第一个 if 语句时,表达式 a>b 的值为假,所以语句"t＝a;"没有被执行。程序执行语句"a＝b;b＝t;"这时 a 的值被赋为 76,b 的值被赋为 8,c 和 t 的值维持不变。接着程序执行遇到第二个 if 语句,这时表达式 a>c 的值为真,所以语句"t＝a;"被执行,此时 t 的值被赋为 76。程序接着执行语句"a＝c;c＝t;"这时 a 的值被赋为 6,c 的值被赋为 76,b 的值仍为 8,t 的值是 76。最后,程序输出变量 a,b,c 的值分别为:6,8,76。

例 3－5   分析以下程序的输出结果。

```cpp
#include <iostream. h>
int main()
{int a＝0,b＝2,c＝0,d＝5,k;
```

```
k=(d=a<b)||(c=b>a);
cout<<"k="<<k<<','<<"c="<<c<<endl;
return 0;
}
```

程序运行后的输出结果是：

k=1,c=0

分析：由于关系运算符"＞"的优先级高于赋值运算符"＝"，所以表达式 d=a<b 的结果为1,d 的值为1。在逻辑表达式中如果前一个表达式的值为"真"，则不再计算表达式2的值，所以表达式 c=b>a 没有被计算，故 c 的值仍为0,而表达式(d=a<b)||(c=a>b)的值为"真"，所以 k 的值为1。

2. 含 else 的 if 语句

if(表达式) 语句1

else 语句2

该结构的功能：如果表达式的值为"真"（非0值），则执行语句1；若表达式的值为"假"（0值），则执行语句2。含 else 的 if 语句执行流程如图 3-1(b)所示。

关于含 else 的 if 语句的几点说明：

(1)if 和 else 都是关键字,else 是 if 语句的子句,不能单独使用,必须和 if 配对使用。

(2)表达式可以为任意表达式。

(3)语句1和语句2只能是一条语句或者是一个复合语句。

(4)语句1和语句2只有其中的一个能被执行。

例 3-6 分析以下程序的输出结果。

```
#include <iostream.h>
int main()
{ int a=4,b=8,c=3;
  if(a=c) cout<<a<<endl;
  else cout<<b<<endl;
  return 0;
}
```

程序的运行结果：

3

分析：程序执行时,语句 if 中的表达式 a=c 是一个赋值表达式,此时变量 c 的值为3,变量 a 被重新赋值为3,则表达式的值为真（非0值）,语句"cout<<a;"被执行,输出变量 a 的值为3,程序结束。

例 3-7 分析以下程序的输出结果。

```
#include <iostream.h>
int main()
{int a,b=3;
  if(a=b!=0) cout<<a<<endl;
  else cout<<a+3<<endl;
  return 0;
}
```

程序的运行结果:

1

分析:关系运算符"!="优先级高于赋值运算符"=",表达式 b!=0 的结果为 1,所以 a 的值也为 1,表达式 a=b!=0 的结果也为"真",此时程序执行 if 后的操作语句,输出 a 的值为 1。

3. if-else-if 语句结构

if(表达式 1) 语句 1
else if(表达式 2) 语句 2
    else if(表达式 3) 语句 3
      …
        else 语句 n

该结构的功能是:程序执行时首先计算表达式 1 的值,若结果为"真",则执行"语句 1";若结果为"假"则计算表达式 2 的值,若结果为"真"则执行"语句 2";若结果为"假"则对表达式 3 进行判断,若结果为"真"则执行"语句 3"…如果上述所有的表达式都为"假"则执行"语句 n"。

此结构适用于针对多种不同的条件给出不同的解决方法的情况。在使用时注意各个表达式所表示的条件应该是互不包含的,否则会出现逻辑错误。使用本结构时要注意层次不可太多,否则容易出错。此种结构的 if 语句形式比较复杂,但它是一个整体,不可分割。

例 3-8 应用程序举例。

```
#include <iostream.h>
int main()
{int a=8,b=12,c=7,d=5;
 if(a<b>c) cout<<b<<endl;
 else if(b<c>d)  cout<<c<<endl;
   else cout<<d<<endl;
 return 0;
}
```

程序的运行结果:

5

分析:程序执行遇到 if 语句,进行表达式 1:a<b>c 的判断,其值为"假";则进行表达式 2 的计算,其值也为"假",则程序执行语句 3:"cout<<d<<endl;",输出 d 的值,结果为 12。

例 3-9 从键盘上输入数据 a,并通过以下数学关系式求出相应的 b 值。

$$b=\begin{cases} -1 & a<0 \\ 0 & a=0 \\ 1 & a>0 \end{cases}$$

```
#include <iostream.h>
int main()
{int a,b;
 cin>>a;
```

```
if(a<0) b=-1;
 else if(a==0) b=0;
   else b=1;
 cout<<"b="<<b<<endl;
 return 0;
}
```

程序的运行结果:

输入:8↙

          b=1

分析:当输入8时,a的值被赋予8,表达式a<0和表达式a==0的值都为假,这时程序执行第二个else后的b=1,则b被赋值为1。程序通过输出语句输出b的值。

4. if语句的嵌套

if语句的嵌套就是在if语句的操作语句中又包含了一个或多个if语句。一般形式如下:

```
if(表达式1)
    if(表达式2)  语句1
    else       语句2
else
    if(表达式3) 语句3…
    else       语句4
```

该结构的语义是:当表达式1的值为"真"时,则执行其内嵌的if-else语句;否则,程序执行else后内嵌的if-else语句。

在使用这种结构时,一定要注意else与if的配对问题。在这里C++规定:else总是与前面最近的且未配对的if配对使用。例如:

```
if(表达式1)
    if(表达式2)  语句1
    else
    if(表达式3) 语句3…
    else        语句4
```

在这种结构中第一个else看似与第一个if配对,实则它是与第二个if配对,一起构成了第一个if的内嵌语句。而第三个if和第二个else一起构成了第一个else的内嵌语句。

在这种结构中如果if和else的数目不同,则允许通过加{ }来限定内嵌if语句的范围,{ }在这里起到界定范围的作用。如将上例改为:

```
if(表达式1)
{if(表达式2)  语句1}
else
    if(表达式3) 语句3…
    else        语句4
```

这时,第一个else将与第一个if配对,而第三个if和第二个else一起构成了第一个else的内嵌语句。

例 3—10 从键盘输入三个整数,找出其中的最大数并输出之。

```cpp
#include <iostream.h>
int main()
{int a,b,c,max;
cout<<"Please input three numbers:";
cin>>a>>b>>c;
if(a>=b)
  if(a>=c)   max=a;
  else max=c;
else
  if(b>=c)   max=b;
  else max=c;
cout<<"max="<<max<<endl;
return 0;
}
```

程序的运行结果:

Please input three numbers:45 24 30 ↙

max=45

分析:当用 cin 对 a、b、c 三个变量输入值之后,第一个 if 语句的表达式是 a>=b,如果该表达式的值为"真",则执行该 if 语句的内嵌语句"if(a>=c) max=a;else max=c;",继续判断 a>=c 的值是否为"真",则可得出变量 a 中的值为三个变量中的最大者,因此将变量 a 的值赋给变量 max;如果 a>=c 的值为"假",则可以判断出最大的值为 c 的值,则将变量 c 的值赋给变量 max。如果第一个 if 语句的表达式 a>=b 为假,则执行 else 语句的子句"if(b>=c)max=b;else max=c;",得出最大值。

3.2.2 switch 语句

C++程序中的条件分支结构还可以通过 switch 语句来实现。switch 语句是一种多分支选择语句。它的一般形式如下:

switch(表达式)
{case 常量表达式 1:语句块 1;
case 常量表达式 2:语句块 2;
…
case:常量表达式 n:语句块 n;
default:语句块 n+1;
}

switch 结构的语义是:计算 switch 后的表达式的值,将此值与各 case 子句中的常量表达式的值进行比较,若某常量表达式的值与之相等,则执行其后的语句块(语句块是一组语句的集合)。执行完一个 case 子句后,就会接着执行下一个 case 子句,这时不再进行判断。如果所有 case 子句中的常量表达式的值与 switch 后的表达式的值都不等,则执行 default 后的语句块 n+1。

几点说明:

（1）switch、case 和 default 均是关键字，case 起到语句标号的作用。以上形式中{ }括起来的部分称为"switch 语句体"。

（2）switch 后的表达式可以是任何类型，但其值必须是整型或字符型，不能为实型。case 后的常量表达式可以是值为整型或字符型的常量表达式，但常量表达式中不能含有变量。

（3）每个 switch 结构中最多只能有一个 default 子句，且其在 switch 语句体中的位置任意。switch 结构中也可以没有 default 子句。

（4）每一个 case 后的常量表达式的值必须互不相同，否则会出现互相矛盾的情况（同一个值对应不同的执行语句）。

例 3－11　根据一周内各天的排列顺序，输入一个 1～7 之间的数字，输出相对应的英文名称。

```cpp
#include <iostream>
int main()
{int w;
cout<<"Please input a number：";
cin>>w;
switch(w)
{case 1:cout<<"Monday"<<endl;
case 2：cout<<"Tuesday"<<endl;
case 3：cout<<"Wednesday"<<endl;
case 4：cout<<"Thursday"<<endl;
case 5：cout<<"Friday"<<endl;
case 6：cout<<"Saturday"<<endl;
case 7：cout<<"Sunday"<<endl;
default：cout<<"error"<<endl;
}
return 0;
}
```

程序的运行结果：

Please input a number：4↙

Thursday

Friday

Saturday

Sunday

error

分析：程序执行时，将 w 的值和各 case 后的常量表达式进行比较，找到与之匹配的 case 4 子句，此时 case 4 后所有的语句都被顺序执行。所以输出了以上的结果。

从以上的分析可以看出，如果不加以控制，这种结构的 switch 语句所输出结果将是不正确的。如果想让程序在每执行完相对应的语句后，就跳出 switch，这时我们需要在每个 case 子句后加一条 break 语句。最后一个子句（default）可以不加 break 语句。

对上例中的 switch 语句进行改写：

```
switch(w)
{case 1:cout<<"Monday"<<endl;break;
case 2:cout<<"Tuesday"<<endl;break;
case 3:cout<<"Wednesday"<<endl;break;
case 4:cout<<"Thursday"<<endl;break;
case 5:cout<<"Friday"<<endl;break;
case 6:cout<<"Saturday"<<endl;break;
case 7:cout<<"Sunday"<<endl;break;
default:cout<<"error"<<endl;
}
```

当输入 4 时,将把 4 赋值给变量 w,程序的输出结果为:

Thursday

分析:程序运行时,当输入 4 后,变量 w 赋值为 4,在 case 后找到常量 4,执行其后的语句"cout<<"Thursday"<<endl;"输出"Thursday"和换行符,然后执行"break;"语句,跳出 switch 语句。若输入其他值,执行过程同上。

从输出结果可以看到,当在每个 case 子句中加上 break 子句后,程序执行进入 switch 结构,遇到 break 后就跳出 switch 语句。

例 3-12 分析以下程序的输出结果。

```
#include <iostream.h>
int main()
{int a=-2,b=9,c=6;
switch(a)
{case -2:switch(b)
{
case 9:cout<<'MYM';break;
case 1:cout<<' * ';break;
case 2:cout<<' # ';break;
}
case 0:switch(c)
{
case 1:cout<<'@';break;
case 2:cout<<'!';break;
}
default:cout<<'&';
}
cout<<endl;
return 0;
}
```

程序的运行结果:

MYM&

分析:程序中定义三个变量 a、b 和 c,并分别初始化为-2,9 和 6。程度运行时遇到 switch 语句,表达式 a 的值为-2,在 case 后找到常量-2,执行其后的 switch 语句,这时表达式 b 的值为 9,找到 case 后的常量 9,执行其后语句"cout<<'MYM';",输出字符"MYM",执行语句"break";,跳出本层的 switch 语句。然后程序执行 default 后的语句"cout<<'&';",输出字符"&"后,switch 语句结束。所以程序的输出结果是:MYM&。

在解决分支较多的问题时,多分支选择语句 switch 与嵌套的 if 语句相比,具有结构简单、逻辑关系清晰等特点。

3.2.3 条件运算符及条件表达式

条件运算符是 C 语言提供的唯一的一个三目运算符"?:",该运算符要求操作数是 3 个。条件运算符的优先级低于逻辑运算符,但高于赋值运算符,具有右结合性。由该运算符构成的表达式称为"条件表达式"。条件表达式的一般形式如下:

表达式 1? 表达式 2:表达式 3

条件表达式的求值规则是:先求"表达式 1"的值,若其值为非 0(真),求"表达式 2"的值作为整个条件表达式的值;若其值为 0(假),求出"表达式 3"的值作为整个条件表达式的值。

若在 if—else 结构中,无论是 if 的操作语句,还是 else 的操作语句,都执行一个赋值操作,且是为同一个变量赋值,这样的情况就可以用简单的条件运算符来处理。

例如:有如下的 if 语句

  if(b<=c) min=b;

  else min=c;

可以用以下的条件表达式来处理:

  min= b<=c? b:c;

例:有以下程序段

  int k=0,a=3,b=2,c=1;

  k=a>b? b:a;

  a=k<c? c:k;

执行该程序段后,a 的值是 2,k 的值也是 2。

例 3—13 分析以下程序的输出结果。

```
#include <iostream.h>
int main()
{int a=10,b=8,c=12,d;
cout<<(d=a>b? (a>c? a:c):(b))<<endl;
return 0;
}
```

程序运行结果:

12

分析:程序中定义四个整型变量,其中 a、b、c 分别赋值为 10、8 和 12。在表达式 d=a>b? (a>c? a:c):(b)中三种运行符优先级由高到低的顺序为:()、?:、=。按照条件表达式的计算规则,表达式 a>c? a:c 的值为 c 的值 12;条件表达式 a>b? (a>c? a:c):(b)的值为表达式 a>c? a:c 的值,即为 12;最后将条件表达式 a>b? (a>c? a:c):(b)的值再赋给变量 d,所以 d 的值亦为 12。输出结果即为 12。

课堂速记

3.3 循环语句和循环结构

有时我们在处理实际问题时,会规律性重复某一操作,如求一个数列中前 n 项的和、求阶乘等等。为解决问题,在程序设计中,就会有一些程序段被反复使用。为适应这种情况,C++提供了循环结构(结构化程序设计基本结构之一),这为程序设计及问题的求解提供了极大的方便。C++中有三种循环语句:while 语句、do-while 语句和 for 语句。利用三种循环语句可以构成循环结构。下面我们分述之。

3.3.1 while 语句

用 while 语句构成循环的一般形式:

while(表达式)
{
循环体语句
}

其语义是:首先对表达式进行计算,若表达式的值为"真"(非 0 值),则执行 while 语句的循环体语句;若表达式的值为"假"(0),则跳出 while 循环。while 语句构成的循环也称当型循环。while 语句执行过程的流程图如图 3-2 所示。

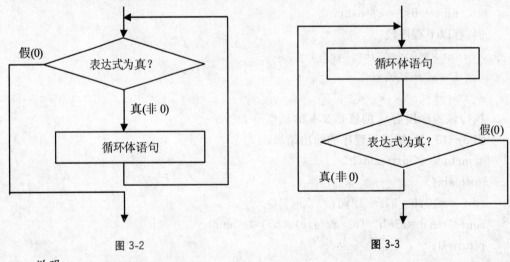

图 3-2   图 3-3

说明:

(1)while 是 C++的关键字。

(2)while 之后圆括号中的表达式可以是任意合法的表达式,不可缺省。

(3)当循环体语句为单条语句时,{}可以省略;当循环体语句为多个时,必须加{}构成复合语句。循环体语句也可以是空语句(;)。

(4)在循环体语句中应该有使循环趋向结束的语句,否则会成为死循环。

例 3—14 求 1+2+3+…+100 之和。

#include <iostream. h>
int main()

```
{int i,sum;
i=1;
sum=0;
while(i<=100)
{    sum+=i;
     i++;
}
cout<<"sum="<<sum<<endl;
return 0;
}
```

程序的运行结果：

sum=5050

分析：当程序执行到第 7 行时，遇到 while 循环。首先对表达式 i<=100 的值进行判断。此时 i 的值为 1，小于 100，则表达式的值为"真"，程序执行进入循环体。程序中语句"sum+=i;"的作用是将 sum 的值加 i，然后再赋值给 sum。语句"i++;"的作用是将 i 的值增 1 后再赋值给变量 i，此时 i 的值为 2。程序执行完循环体语句后，再转到程序的第 7 行进行循环判断。此时 i 的值为 2，小于 100，则表达式的值为真，程序执行进入循环体。程序中语句"sum+=i;i++;"又被执行。如此循环反复，直到 i 的值增到 101 时，表达式的值为"假"，此时程序将不再执行循环体。本例中 i 的值增加了 100 次，循环体一共被执行了 100 次，sum 中保存了从 1 到 100 的累加和，其值为 5 050。

例 3－15 分析以下程序的输出结果。

```
#include <iostream. h>
int main()
{int m=12;
while(m>9)
{m-=1;
cout<<m<<',';
}
cout<<endl;
return 0;
}
```

程序的运行结果：

11,10,9,

分析：程序运行遇到 while 循环语句，首先对表达式进行判断。此时变量 m 的值为 12，表达式 m>9 的值为"真"，则执行循环体语句"m-=1;cout<<m<<',';"，输出 m 减 1 后的值，即输出"11,"；接着判断表达式 m>9 的值，此时 m 的值为 11，表达式的值为"真"，则执行循环体语句，输出"10,"；程序再判断表达式 m>9 的值，为"真"，再执行循环体语句，输出"9,"；再进行表达式 m>9 值的判断，此时表达式值为"假"，程序不再执行循环体语句，而是跳出 while 语句，接着执行后续语句"cout<<endl;"，程序结束。所以输出结果为：11,10,9,。

例 3－16 分析以下程序的输出结果。

```
#include <iostream. h>
```

```
int main()
{
  int r=0,s=6,t=4;
  while(t>0&&r<5)
  {
    s-=1;
    t--;
    r++;
  }
  cout<<r<<','<<s<<','<<t<<endl;
  return 0;
}
```

程序的运行结果：

4,2,0

分析：变量 r 的初值为 0，变量 s 的初值为 6，变量 t 的初值为 4。程序执行遇到 while 循环语句时，先对表达式 t>0&&r<5 进行判断，此时表达式值为"真"，则执行循环体语句"{s-=1;t--;r++;}"，变量 r、s、t 分别被赋值为：1、5、3，本轮循环结束；再对表达式 t>0&&r<5 进行判断，此时表达式值为"真"，则执行循环体语句"{s-=1;t--;r++;}"，变量 r、s、t 分别被赋值为：2、4、2，本轮循环结束；再对表达式 t>0&&r<5 进行判断，此时表达式值为"真"，则执行循环体语句"{s-=1;t--;r++;}"，变量 r、s、t 分别被赋值为：3、3、1，本轮循环结束；再对表达式 t>0&&r<5 进行判断，此时表达式值为"真"，则执行循环体语句"{s-=1;t--;r++;}"，变量 r、s、t 分别被赋值为：4、2、0，本轮循环结束；再对表达式 t>0&&r<5 进行判断，此时表达式值为"假"，不再执行循环语句，while 循环结束。所以程序输出结果为：4,2,0。

例 3-17 分析以下程序的输出结果。

```
#include <iostream.h>
int main()
{
  int a=3,m=0;
  while(a>0)
  {
    switch(a)
    {
      default:break;
      case 1:m+=a;
      case 2:
      case 3:m+=a;
    }
    a--;
  }
  cout<<m<<endl;
  return 0;
```

```
}
```
程序的运行结果：

7

分析：变量 a 的初值为 3，变量 m 的初值为 0。程序执行遇到 while 循环语句时，先对表达式 a＞0 进行判断，此时表达式值为"真"，则执行循环体语句，循环体语句由 switch 语句和"a－－;"构成。此时 a 的值为 3，找到 case 后的常量 3，执行后面的语句"m＋＝a;"，m 被赋值为 3，程序执行跳出 switch 语句，然后执行语句"a－－;"，变量 a 被赋值为 2，本轮循环结束；再对表达式 a＞0 进行判断，此时 a 的值为 2，表达式值为"真"，则执行循环体语句，循环体语句中 switch 语句的表达式 a 的值为 2，找到 case 后的常量 2，则执行其后的所有语句，即 case 3 后面的语句"m＋＝a;"，m 被赋值为 5，程序执行跳出 switch 语句，然后执行语句"a－－;"，变量 a 被赋值为 1，本轮循环结束；再对表达式 a＞0 进行判断，此时变量 a 的值为 1，表达式值为"真"，则执行循环体语句，循环体语句中 switch 语句的表达式 a 值为 1，找到 case 后的常量 1，执行后面的语句"m＋＝a;"，m 被赋值为 6，然后再执行 case 3 后面的语句"m＋＝a;"，m 被赋值为 7，程序执行跳出 switch 语句，然后执行语句"a－－;"，变量 a 被赋值为 0，本轮循环结束；再对表达式 a＞0 进行判断，此时变量 a 的值为 0，表达式值为"假"，则不再执行循环体语句，while 循环语句语句结束。然后执行程序的后续部分，即输出 m 的值:7。

3.3.2　do-while 语句

用 do-while 语句构成循环的一般形式：

```
do
{
循环体语句
} while(表达式);
```

执行过程：首先执行循环体语句，然后计算并判断 while 后圆括号中的表达式，若值为"真"（非 0），则返回重新执行循环体语句;若为"假"（0），则跳出循环。

do-while 语句构成的循环与 while 语句构成的循环不同之处在于：前者的循环体语句首先被执行一次，然后进行表达式的判断，如果表达式的值为"真"，则重复执行循环体，否则跳出循环。而后者是首先进行表达式的判断，如果值为"真"，则执行一次循环体，否则跳出循环。do-while 语句执行过程的流程图如图 3-3 所示。

说明：

(1)do 和 while 都是关键字，do 需要和 while 搭配使用。

(2) while 之后圆括号中的表达式可以是任意合法的表达式，此表达式的作用是控制循环，不可缺省。

(3) do-while 语句是一个整体，是 C＋＋的一个语句，所以最后的分号(;)不可省。

例 3－18　用 do-while 语句求 1＋2＋3＋…＋100 之和。

```
#include <iostream. h>
int main()
{
    int i,sum;
    i=1;
```

```
    sum=0;
    do
    {
        sum+=i;
        i++;
    }
    while(i<=100);
    cout<<"sum="<<sum<<endl;
    return 0;
}
```

程序的运行结果：

sum=5050

分析：程序执行遇到 do-while 语句时，首先执行循环体语句"sum+=i;i++;"，变量 sum 被赋值为1，变量 i 被赋值为2，然后计算并判断表达式 i<=100 的值，此时 i 的值为2，则表达式的值为"真"；程序执行再次进入循环体，循环体语句"sum+=i;i++;"又被执行。如此循环反复，直到 i 的值增到 101 时，表达式的值为"假"，此时程序将不再执行循环体。本例中 i 的值增加了 100 次，循环体一共被执行了 100 次，对 sum 完成了从 1 到 100 的累加，其值为 5 050。

例 3—19 以下程序若从键盘输入−5，分析程序的输出结果。

```
#include <iostream.h>
int main()
{
    int m,x=1,sum=0;
    cin>>m;
    do
    {
        sum+=x;
        x-=2;
    }
    while(x!=m);
    cout<<"sum="<<sum<<endl;
    return 0;
}
```

程序的运行结果：

sum=−3

分析：键盘输入−5时，变量 m 被赋值为−5。程序执行遇到 do-while 语句，首先执行循环体语句"sum+=x;x-=2;"，变量 sum 被赋值为1，变量 x 被赋值为−1，然后计算并判断表达式 x!=m 的值，此时 x 的值为−1，m 的值为−5，则表达式的值为"真"；程序执行再次进入循环体，循环体语句"sum+=x;x-=2;"又被执行。变量 sum 被赋值为 0，变量 x 被赋值为−3，然后计算并判断表达式 x!=m 的值，此时 x 的值为−3，m 的值为−5，则表达式的值为"真"；程序执行再次进入循环体，循环体语句"sum+=x;x-=2;"又被执行。变量 sum 被赋值为−3，变量 x 被赋值为−5，然后计算并判断表达式 x!=m 的值,此时 x 的值为-3,m 的值为-5,则表达式的值为"假",程序不再执行循环体语句,循环结束。然后程序执行后续语句"cout<<"sum= "<<sum<<endl;",输出"sum=-3",程序结束。

例 3-20 若要使程序的输出值为 3,则应该从键盘给 m 输入的值是( )。

```cpp
#include <iostream.h>
int main()
{
    int m,x=1,sum=0;
    cin>>m;
    do
    {
        sum+=1;
        x-=2;
    }
    while(x!=m);
    cout<<"sum="<<sum<<endl;
    return 0;
}
```

分析:键盘输入-5时,变量 m 被赋值为-5。程序执行遇到 do-while 语句,首先执行循环体语句"sum+=1;x-=2;",变量 sum 被赋值为 1,变量 x 被赋值为-1,然后计算并判断表达式 x!=m 的值,此时 x 的值为-1,m 的值为-5,则表达式的值为"真";程序执行再次进入循环体,循环体语句"sum+=1; x-=2;"又被执行。变量 sum 被赋值为 2,变量 x 被赋值为-3,然后计算并判断表达式 x!=m 的值,此时 x 的值为-3,m 的值为-5,则表达式的值为"真";程序执行再次进入循环体,循环体语句"sum+=1;x-=2;"又被执行。变量 sum 被赋值为 3,变量 x 被赋值为-5,然后计算并判断表达式 x! =m 的值,此时 x 的值为-3,m 的值为-5,则表达式的值为"假",程序不再执行循环体语句,循环结束。然后程序执行后续语句"cout<<"sum="<<sum<<endl;",输出 sum=3,程序结束。所以当从键盘给 m 输入的值是-5 时,程序的输出结果为 3。

例 3-21 分析以下程序的输出结果。

```cpp
#include <iostream.h>
int main()
{
    int m=5;
    do{cout<<(m-=3)<<',';}while(!m);
    cout<<endl;
    return 0;
}
```

程序运行结果:

2,

分析:变量 m 被赋值为 5。程序执行遇到 do-while 语句,首先执行循环体语句"cout<<m-=3<<',';",输出表达式的值 2,然后计算并判断表达式!m 的值,此时 m 的值为 2,则表达式!m 的值为"假",程序执行不再进入循环体,循环结束。程序执行后续语句

"cout＜＜endl;",输出一个换行符后结束。输出结果为"2"。

3.3.3 for 语句

for 语句构成循环的一般形式:

for(表达式 1;表达式 2;表达式 3)

{

循环体语句

}

for 语句的执行过程:

(1)计算表达式 1。

(2)计算表达式 2,若其值为"真"(非 0),则转向(3);

若其值为"假"(0),则转步骤(5)。

(3)执行循环体语句。

(4)计算表达式 3,转向步骤(2)。

(5)结束循环,执行 for 循环之后的语句。

for 语句执行流程图如图 3-4 所示。

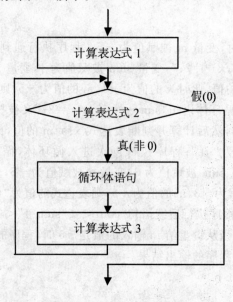

图 3-4 for 语句执行流程图

说明:

(1)for 是 C＋＋的关键字。

(2)for 之后圆括号中有三个表达式,其中表达式 1 作用是给循环变量赋初值;表达式 2 的作用是控制循环;表达式 3 的作用是赋值,一般是给循环变量增值。

(3)表达式 1 和表达式 3 中可以出现各种与循环无关的表达式,形成逗号表达式。但这样会降低程序的可读性,一般不提倡使用。

(4)循环体语句若为多条时,要用{}将语句括起来,成为一个复合语句。若为一条语句,{}可缺省,循环体语句也可以是一条空语句(;)。

圆括号中的 3 个表达式在语法上可以缺省,将缺省情况归纳如下:

(1)可以将表达式 1 移到 for 语句之前,这时表达式 1 省略,但其后的分号(;)不可缺省。如:

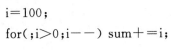

```
i=100;
for(;i>0;i--) sum+=i;
...
```

(2)如果表达式 2 省略，此时相当于表达式 2 的值永远为"真"，循环将无限执行下去，一般会形成死循环。表达式 2 缺省时，其后的分号（；）不可缺省。

```
for(i=100;;i--) sum+=i;
```

(3)表达式 3 也可以省略。此时若想使程序正常结束，则必须在循环体语句中对循环变量的值进行更改。

```
for(i=100;i>0;){sum+=i;i--}
```

(4)三个表达式中可以缺省其中的两个或全部缺省，for(;;)，此时相当于 while(1)。

例 3-22 分析以下程序的运行结果。

```cpp
#include <iostream.h>
int main()
{
    int i;
    for(i=0;i<3;i++)
    switch(i)
    {case 0:cout<<i;
    case 2:cout<<i;
    default:cout<<i;
    }
    cout<<endl;
    return 0;
}
```

程序的运行结果：

000122

分析：例中 for 的循环体是一个 switch 语句。switch 中各 case 子句及 default 子句后无 break。首先 i 的初值是 0，进入第一轮循环，此值与 case 0 匹配，输出 i 的值，即输出一个 0，然后顺序执行其后的两个输出语句，即又输出两个连续的 0，此时第一轮输出了"000"。然后 i 的值增 1，此时 i 的值为 1，表达式 i<3 的值为"真"，则进入第二轮循环，switch 结构中没有与之匹配的 case 子句，则 default 子句会被执行，输出 i 的值，即输出一个 1。然后表达式 i++ 被执行，i 的值增至 2，表达式 i<3 的值为"真"，则进入第三轮循环，此值与 case 2 匹配，输出 i 的值，即输出一个 2，然后顺序执行 default 后的输出语句，即又输出 1 个 2。则第三轮输出"22"。然后 i 的值增至 3，表达式 i<3 的值为"假"，程序跳出循环。所以程序的输出结果为：000122。

例 3-23 分析以下程序的运行结果。

```cpp
#include <iostream.h>
int main()
{int s=10;
    for(;s>0;s--)
    if(s%3==0)
    cout<<s+1;
```

```
return 0;
}
```

程序的运行结果：

1074

分析：变量 s 的初值为 10。for 之后圆括号中的表达式 1 省略。程序执行遇到 for 循环时，首先进行表达式 2 的计算，此时 s 值为 10，表达式 s>0 的值为"真"，则执行 for 的循环体。for 的循环体是一个 if 语句，表达式 s%3==0 的值为"假"，则不执行 if 的操作语句"cout<<s+1;"；程序然后计算表达式 s−−的值，s 的值为 9；进行 for 语句表达式 2 的计算，此时 s 值为 9，表达式 s>0 的值为"真"，则执行 for 的循环体。for 的循环体中 if 语句的表达式 s%3==0 的值为"真"，则执行 if 的操作语句"cout<<s+1;"，输出 s 加 1 后的值 10；程序然后计算表达式 s−−的值，s 的值为 8；进行 for 语句表达式 2 的计算，此时 s 值为 8，表达式 s>0 的值为"真"，则执行 for 的循环体。for 的循环体中 if 语句的表达式 s%3==0 的值为"假"，则不执行 if 的操作语句"cout<<s+1;"，依次类推，程序的输出结果为：1074。

例 3—24 以下程序的功能是求 5!。

```
#include <iostream.h>
int main()
{int i,s=1;
for(i=1;i<=5;i++)
s=s*i;
cout<<"5! ="<<s<<endl;
return 0;
}
```

程序的运行结果：

5! =120

分析：变量 s 的初值为 1。程序执行遇到 for 循环，计算表达式 1，给 i 赋值为 1；然后计算表达式 2，表达式 i<=5 的值为"真"，则执行 for 的循环体 s=s*i，s 的值被赋为 1；然后计算表达式 3，i 的值增为 2，进行表达式 2 的判断，表达式 i<=5 的值为"真"，for 的循环体语句又被执行，s 的值为 2。如此循环反复，直至当 i 的值为 6 时，表达式 i<=5 的值为"假"，for 循环体不再被执行，此时变量 s 中保存了表达式 1*2*3*4*5 的值，循环结束。程序的输出结果为：5! =120。

3.3.4 循环结构的嵌套

在前面我们学习了三种可以构成 C++程序循环结构的语句。在实际运用中我们可以将三种循环结构结合起来，可以在一种循环结构的循环体中包含另一个完整的循环结构，这样就形成了循环结构的嵌套。内嵌的循环结构中还可以再包含循环结构，每一层循环结构在逻辑上都必须是完整的。如以下形式都是合法的循环结构的嵌套形式：

(1) while(表达式)
　　{…
　　while(表达式)
　　　{

```
        循环体语句
        }
        …
    }
（2） do
    {…
        do
        {
            循环体语句
        } while(表达式)；
        …
    } while(表达式)；
（3） for(表达式 1；表达式 2；表达式 3)
    {…
        for(表达式 1；表达式 2；表达式 3)
        {
            循环体语句
        }
        …
    }
（4） while(表达式)
    {…
        do
        {
            循环体语句
        } while(表达式)；
        …
    }
（5） do
    {…
        while(表达式)
        {
        循环体语句
        }
        …
    } while(表达式)；
（6） for(表达式 1；表达式 2；表达式 3)
    {…
        while(表达式)
        {
        循环体语句
        }
```

```
   }
```

例 3—25 打印九九乘法表。

```
#include <iostream. h>
int main()
{int i,j;
for(i=1;i<10;i++)
{for(j=1;j<=i;j++)
cout<<j<<' * '<<i<<'='<< i * j<<"   ";
cout<<endl;
}
return 0;
}
```

程序的运行结果:

```
1 * 1=1
1 * 2=2   2 * 2=4
1 * 3=3   2 * 3=6   3 * 3=9
     ∶
     ∶
1 * 9=9  2 * 9=18  3 * 9=27  4 * 9=36  5 * 9=45  6 * 9=54  7 * 9=63  8 * 9=72
9 * 9=81
```

分析:在一个 for 循环的循环体中嵌套了另一个 for 循环。当外层循环变量 i 为某一值时,内层 for 循环中的循环变量 j 的值将从 1 增至 i。首先 i 的值为 1,进入循环体(内层 for 循环结构),j 的值为 1,向屏幕输出 1 * 1=1,内层的 for 循环结束,接着输出一个换行符。然后外层 for 循环的循环变量 i 的值增至 2,表达式 i<10 的值为"真",进入循环体(内层 for 循环结构),j 的值为 1,则输出 1 * 2=2;然后 j 的值增至 2,则输出 2 * 2=4,内层的 for 循环结束,然后输出一个换行符。依次类推,程序运行完毕后会将九九乘法表输出到屏幕上。

3.4 break 语句和 continue 语句的使用

C++中提供了一类转向语句,可以用于控制程序执行的流程,如 break 和 continue 语句。在前面我们学习了可以在 switch 语句中使用 break 语句。下面对 break 语句和 continue 语句分述之。

3.4.1 break 语句

break 语句的一般形式:

```
break;
```

break 语句只能出现在 switch 语句或循环结构的循环体中,不能在其他地方使用。

在 switch 语句中使用 break 语句,可以使程序执行完相应 case 子句的操作语句后,跳出 switch 语句。而在循环结构中使用 break 语句,则起到跳出循环体,使循环提前结束的作用。

例 3－26 分析以下程序的运行结果。

```
#include <iostream.h>
int main()
{int i=0,a=0;
while(i<30)
{for(;;)
{if(i%10==0) break;
   else i——;
}
i+=31; a+=i;
}
cout<<a<<endl;
return 0;
}
```

程序的运行结果:

31

分析:程序执行时遇到 while 循环,此时 i 的值为 0,则表达式 i<30 的值为"真",进入 while 的循环体。在 while 的循环体中内嵌 for 循环,圆括号中的三个表达式都缺省,意味着表达式 2 永远为"真",进入循环体,此时 i 的值为 0,则 if 后表达式 i%10==0 的值为"真",执行 break 语句,跳出整个 for 循环;然后顺序执行 while 的循环体中另外两条赋值语句"i+=31; a+=i;",i 的值为增至 31,a 的值也被赋值为 31。循环体执行完毕,则再次对表达式 i<30 计算判断,表达式的值为"假",整个 while 循环结束,输出 a 的值为 31。

3.4.2 continue 语句

continue 语句的一般形式:

continue;

continue 语句只能出现在循环结构的循环体中,其作用是提前结束本轮循环,而进行下一次的循环判断。

例 3－27 分析以下程序中,while 循环中循环体执行的次数。

```
#include <iostream.h>
int main()
{int i=0;
while(i<10)
{if(i<1) continue;
if(i==10) break;
i++;
}
```

```
return 0;
}
```

程序的运行结果：

死循环,不能确定次数。

分析:程序执行时遇到 while 循环,i 的初值为 0;表达式 i<10 的值为"真",则进入循环体,此时 if 后表达式 i<1 的值为"真",执行 continue,本次循环提前结束。然后进入下一次循环条件的判断,此时 i 的值仍为 0;表达式 i<10 的值为"真",进入循环体,此时 if 后表达式 i<1 的值为"真",执行 continue,本次循环提前结束。程序中 while 的循环体会被反复执行,形成死循环。

3.5 预处理指令

C++允许在编写的程序中加入一些预处理命令。在前面的章节中我们接触的程序中,使用了一些预处理命令,如文件包含命令(include)、宏定义命令(define)等。预处理命令是 C++统一规定的,但它并不是 C++本身的组成部分,所以预处理命令并不以分号结尾。要由专门的编译预处理程序在对程序进行编译之前先对预处理命令行进行处理,所以这些命令称为"预处理命令"。合理使用预处理命令,可以提高程序可读性,增强编程效率。C++提供的预处理指令有多种,在这里主要介绍三种:文件包含、宏定义和条件编译。

3.5.1 文件包含

C++提供 include 命令用于实现"文件包含"的功能。"文件包含"处理指的是,一个源文件可以将另外一个源文件的全部内容包含进来,也就是将其他源文件包含到本文件中来。这样做的好处是:一个大的程序可以分为多个模块,由多个程序员分别编写程序实现。有些公用的符号常量或宏定义等可单独组成一个文件,在其他文件的开头用包含命令包含该文件即可使用。这样,可避免在每个文件开头都去书写那些公用量,从而节省时间,并减少出错,提高了效率。

文件包含命令行一般形式如下:

#include <文件名>

或

#include "文件名"

前者用尖括号将文件名括起来,系统将到存放 C++系统的目录中寻找要包含的文件,如果找不到,编译系统就给出出错信息。后者是用双撇号将文件名括起来,表示寻找文件时,首先到双撇号中指定的路径中去找,如果找不到,就到存放 C++系统的目录中寻找要包含的文件,如果还找不到,则编译系统就给出出错信息。无论是哪种形式的文件包含,只要找到了包含的文件,就用找到的文件内容去代替文件包含命令行。如:

#include <iostream. h>

#include "C:\Zhang\Cplus\file2. c"

C++编译系统提供了许多系统函数和宏定义,对于这些函数的声明则放在了不同

的头文件中。不同的 C++编译系统提供了不同的库函数,C++标准现在也将库的建设纳入标准,这样在不同的 C++平台上编写的程序就可以方便移植。如果要调用某一个库函数,则要将有关的头文件包含进来。

说明:

(1) #include 命令行通常书写在文件的开头,故有时也把包含文件称作"头文件",头文件名可以由用户指定。

(2)一个 include 命令只能指定一个被包含文件,若有多个文件要包含,则需用使用多个#include 命令行。

(3)文件包含允许嵌套,即在一个被包含的文件中又可以包含另一个文件。

(4)当包含文件修改后,对包含该文件的源程序必须重新进行编译连接。

(5)头文件一般包含:类型的声明、函数声明、全局变量定义,外部变量声明、宏定义和内置函数等几类内容。

3.5.2 宏定义

宏定义又称为"宏代换"、"宏替换",简称"宏"。是用预处理命令 define 将一个指定的标识符来代表一个字符串,指定的标识符称为"宏名"。一般用一个较短的字符串来代表一个较长的字符串。使用宏可提高程序的通用性和可读性,减少不一致性,减少输入错误的发生,也便于修改程序。例如,数组大小常用宏定义。宏定义分为有参宏定义和无参宏定义两种形式:

1.不带参数的宏定义

定义的一般形式:

　　#define 标识符 字符串

其中的标识符就是符号常量,也称为"宏名"。命名时符合标识符命名规则。

进行预处理(预编译)工作时,将程序中除" "中的宏名外,其他的宏名都用所代表的字符串去替换,宏替换也叫做"宏展开"。宏替换仅仅是简单的文本替换,而不是使用计算的结果去替换,预处理也不做语法检查。

例如:#define PI 3.141 592 6

把程序中出现的 PI 全部换成 3.141 592 6

说明:

(1)提倡宏名用大写字母形式,目的是为了和变量名区分开。

(2)预处理工作在编译之前进行,

(3)宏定义不是 C++的语句,所以末尾不加分号(;)。

(4)宏定义通常在文件的最开头,写在函数定义外,有效范围为定义点到文件结束。可以用#undef 命令提前终止已经定义的宏。

(5)宏定义行的替换文本中还可以包含已经定义过的宏名。

(6)宏定义不分配存储单元。

(7)同一宏名不能重复定义,除非两个宏定义命令行完全一致。

例如:#define M 20

　　　 #define N (M+12)

　　　 #define TWO_N (2 * N)

如有以下语句:

a= TWO_N/2;

宏展开的过程:首先将表达式 a= TWO_N/2 中的 TWO_N 替换为(2＊N),即为 a=(2＊N)/2,注意一对括号不能少,它是宏替换中的一部分。然后将表达式 a=(2＊N)/2 中的 N 替换为(M+12),即为 a=(2＊(M+12))/2。最后再将 M 替换为20,得到最终表达式 a=(2＊(20+12))/2。这就是宏展开的全部过程。

2.带参数的宏定义

定义的一般形式:

　　♯define 宏名(参数表) 字符串

带参宏定义的功能是将一个带参数的字符串定义为一个带参数的宏。在进行宏展开时,用字符串替换该宏名,同时用实参代替宏名后的形参。

例如:♯define M(x,y) x＊y

　　　area=M(3,6);

首先,表达式 area=M(3,6)被替换为 area=x＊y,然后再将表达式替换为 area=3＊6。

使用有参宏定义,要注意以下几点:

(1)在宏定义命令行中,字符串中的形参和整个字符串都应该用括号括起来。

例如:♯define M(r) r＊r

　　　area=M(a+b);

进行宏替换时,表达式 area=M(a+b)第一步被换为 area=r＊r,第二步被换为 area=a+b＊a+b。由此可见结果是不正确的,所以正确的宏定义应该是 ♯define M(r) ((r)＊(r))

(2)宏名和参数的括号间不能有空格。

(3)宏替换只作替换,不做计算,不做表达式求解。

带参数的宏与函数的异同:

(1)定义时都有参数,但宏定义时形参没有数据类型。

(2)在调用时都需要传递实参的值,不同的是宏替换时对参数没有类型的要求。

(3)宏替换在编译前进行,不占运行时间,只占编译时间,也不分配存储单元。函数调用在编译后程序运行时进行,占运行时间,并且分配存储单元。

(4) 函数只有一个返回值,利用宏则可以设法得到多个值。

(5) 宏展开使源程序变长,而函数调用则不会。

3.5.3 条件编译

条件编译(conditional compile)就是对于源程序中的内容,根据指定的条件确定编译的语句范围。可以根据表达式的值或者某个特定的宏是否被定义来确定编译条件。通常情况下,如果不加限制,源程序中各行都参加编译。

常用条件编译指令以下几种。

1.♯if 指令

使用♯if 指令时,是根据其后的常量表达式值的情况来决定源程序被编译的范围。如果表达式为真,则编译后面的代码,直到出现♯else、♯elif 或♯endif 指令为止;否则就不编译其后的语句。

2.♯else 指令

如果条件编译时有♯else 指令与♯if 指令配合使用,则当前面的♯if 指令的条件为假时,就编译♯else 后面的程序代码,直到遇到♯endif 指令为止。

例 3－28 ♯else 指令应用示例。

```
♯define DEBUG 0
♯include <iostream. h>
int main()
{
♯if DEBUG
    cout<<"Debugging"<<endl;
♯else
cout<<"Not debugging"<<endl;
♯endif
    cout<<"Running"<<endl;
return 0; }
```

程序输出结果:

Not debugging

Running

分析:由于程序定义 DEBUG 宏代表 0,所以♯if 条件为"假",则编译♯else 后面的代码。

3.♯endif 指令

♯endif 用于终止♯if 预处理指令。

例 3－29 ♯endif 指令应用示例。

```
♯define DEBUG 1
♯include <iostream. h>
int main()
{
  ♯if DEBUG
    cout<<"Debugging"<<endl;
  ♯endif
    cout<<"Running"<<endl;
}
```

程序输出结果:

Debugging

Running

分析:由于程序定义 DEBUG 宏代表 1,所以♯if 条件为"真",则编译后面的代码。

4.♯ifdef 和♯ifndef 指令

使用♯ifdef 指令进行条件编译时,当所指定的宏已经用♯define 命令定义过,则在源程序编译时只编译其后的内容,直到出现♯else、♯elif 或♯endif 指令为止。而使用♯ifndef指令进行条件编译时处理方式正好相反,当所指定的宏没有用♯define 命令定义过,则在源程序编译时编译其后的内容,直到出现♯else、♯elif 或♯endif 指令为止。

例 3－30 ♯ifdef 和♯ifndef 指令应用示例。

```
♯define DEBUG
```

```
#include <iostream.h>
int main()
{
#ifdef DEBUG
  cout<<" Debugging "<<endl;
#endif
#ifndef DEBUG
cout<<"No debugging "<<endl;
#endif
return 0;
}
```

程序输出结果：

Debugging

分析：由于程序中已经定义了宏 DEBUG，所以不论 DEBUG 后有没有字符串，程序执行时都要对第 5 行内容进行编译，而不再对程序的第 8 行内容进行编译。

3.6 编程示例

例 3—31 以下程序中函数 fun()的功能是：从低位开始取出长整型变量 s 中奇数位上的数，依次构成一个新数放在 t 中。例如，当 s 中的数为 9 635 970 时，t 中的数为 9 390。

```
#include <iostream.h>
long fun(long s,long t)
{
  long s1=10;
  t=s%10;
  while(s>0)
  {
    s=s/100;
    t=s%10 * s1+t;
    s1=s1 * 10;
  }
  return t;
}
int main()
{
  long s, t;
  cout<<"\nPlease enter s: ";
  cin>>s;
  cout<<"The result is "<<fun(s,t)<<endl;
  return 0;
```

　}

分析:函数fun完成数据的提取工作,被调用结束时向主调函数返回所要求的值,所以应该定义函数的类型为long。程序中要注意特殊运算符号"%"(取余)和"/"(整除)的区别。将一个数整除100则可得到由其百位数以上的数组成的新数字,将一个数整除100取余则可得到由十位数和个位数组成的新数。

例3—32 求出1到100之内能被2或3整除、但不能同时被2和3整除的所有整数并将它们输出,通过n返回这些数的个数。

```cpp
#include <iostream.h>
int main()
{ int i,j=0;
    for(i=1;i<=100;i++)
        if((i%2==0||i%3==0)&&i%6!=0)
{cout<<i<<',';
j++;
if(j%10==0) cout<<endl;}
cout<<endl;
cout<< "the sum is:"<<j<<endl;
return 0;
}
```

分析:注意本题题目是找出能被2或3整除,但不能同时被2和3整除的所有整数。能同时被2和3整除的整数一定能被6整除,且不能被6整除的数不一定就是能被2或3整除的数。所以可得出程序中的if()选择结构。按运算优先级可知(i%2==0||i%3==0)先被计算,这里需要注意的是,表达式两边必须要有小括号。

例3—33 判断一个数的个位数字和百位数字之和是否等于其十位上的数字,是则输出"yes!",否则输出"no!"。

```cpp
#include <iostream.h>
int fun(int n)
{
    int g,s,b;
    g=n%10;
    s=n/10%10;
    b=n/100%10;
    if((g+b)==s)
    return 1;
    else
    return 0;
}
int main()
{
    int num=0;
    cout<<"******Input data **********"<<endl;
    cin>>num;
```

```
while(num>999||num<100)
{cout<<"The number is error! Please input again!";
cin>>num;}
    cout<<endl;
    cout<<" * * * * * * The result * * * * * * *"<<endl;
    if(fun(num)) cout<<"yes! "<<endl;
        else cout<<"no! "<<endl;
return 0;
}
```

分析:在主函数中输出一个整数,如果这个整数不是三位数,则要求重新输入。把这个三位数作为函数 fun()的实参,对函数进行调用。函数 fun()中变量 g 保存了输入的整数的个位数,变量 s 保存了整数的十位数,变量 b 应该保存整数的百位数。将整数除以100 再对 10 取余,则得到这个整数的百位数。当个位数字和百位数字之和等于十位数字时,则返回 1,在主调函数中输出"yes!"。当个位数字和百位数字之和不等于十位数字时,则返回 0,在主调函数中输出"no!"。

例3-34 统计键盘输入的一行字符中英文字母、空格、数字和其他字符的个数。

```
#include <iostream. h>
int main()
{char c;
int letter=0,space=0,digit=0,other=0;
cout<<"Please input characters:"<<endl;
while((c=getchar())! ='\n')
{if(c>='a'&&c<='z'||c>='A'&&c<='Z') letter++;
else if(c==' ') space++;
else if(c>='0'&&c<='9') digit++;
else other++;
}
cout<<"字符数:"<<letter<<endl;
cout<<"空格数:"<<space<<endl;
cout<<"数字数:"<<digit<<endl;
cout<<"其他字符数:"<<other<<endl;
return 0;
}
```

程序运行结果:
Please input characters:
Eios9i32Y0wO mw%(2 Ms3MYM↙
字符数:12
空格数:2
数字数:6
其他字符数:3

分析:程序中定义四个整型变量 letter、space、digit 和 other 分别用于记录输入的字符串中,字母字符的个数、空格字符的个数、数字字符的个数以及其他字符的个数。while

循环语句的表达式 c＝getchar())!＝'\n'是一个逻辑表达式,通过判断字符变量 c 的值是否不等于换行符 '\n',决定程序执行是否进入 while 的循环体。字符变量 c 的值是通过调用库函数 getchar()获得的。getchar()函数可以得到从键盘输入的一个字符,当和 while 循环语句结合使用时,就可以顺序取到输入的一行字符中的每一个字符。每当 c 获得一个非换行符的字符后,程序执行都进入循环体,这时对 c 的值进行判断,若(c＞＝'a'&&c＜＝'z'||c＞＝'A'&&c＜＝'Z'),说明 c 是一个字母,变量 letter 值增 1;否则若 c ＝＝'',说明 c 是一个空格,变量 space 的值增 1;否则若 c＞＝'0'&&c＜＝'9',说明 c 是一个数字字符,变量 digit 的值增 1;否则,c 是一个其他字符,other 的值增 1。当 c 接收到的字母是这一行字符的最后一个字符 '\n' 时,while 循环的表达式值为"假",循环结束。程序最后输出每一种字符的个数。

例 3－35 猴子吃桃问题。猴子第一天摘下若干个桃子,当即吃了一半,还不过瘾,又多吃了一个。第二天早上又将剩下的桃子吃掉一半,又多吃了一个。以后每天早上都吃了前一天剩下的一半零一个。到第 10 天早上想再吃时,发现只剩下一个桃子了。求第一天共摘了多少桃子。

```cpp
#include <iostream.h>
int main()
{int day=9,x1,x2=1;
while(day>0)
{x1=(x2+1)*2;
x2=x1;
day--;
}
cout<<"total="<<x1<<endl;
return 0;
}
```

程序运行结果:

total＝1534

分析:程序中定义整型变量 day 用于记录天数,变量 x2 用于记录后一天所剩的桃子数的一半少一个的数目,x1 用于记录前一天桃子的数量。当 day 为 1 时即可计算出第一天摘的桃子数,通过计算可得所摘桃子总数为 1 534 个。

课后延伸

结构控制是 C＋＋的重要内容之一,通过习题实践较容易掌握。学完本章内容后,学生可以参阅其他 C＋＋书籍中相关的内容,以巩固所学知识和拓展知识面。

1.谭浩强.C＋＋程序设计[M].北京:清华大学出版社,2004.

2.教育部考试中心.全国计算机等级考试二级教程:C＋＋程序设计[M].北京:高等教育出版社,2010.

闯关考验

一、选择题

1.下列选项中属于 C++语句的是(　　　)。

A.；

B. a=17

C. i+5

D. cout<<"\n"

2.下列不是循环语句的是(　　　)。

A. while 语句

B. do-while 语句

C. for 语句

D. if—else 语句

3.如果变量 x,y 已经正确定义,下列语句不能正确将 x,y 的值进行交换的是(　　　)。

A. x=x+y,y=x-y,x=x-y;

B. t=x,x=y;y=t;

C. t=y,y=x,x=t;

D. x=t,t=y,y=x

4. 如要求在 if 后一对括号中的表达式,表示 a 不等于 0 的时候的值为"真",则能正确表示这一关系的表达式为(　　　)。

A. a<>0

B. ！a

C. a=0

D. a

5.以下程序的输出结果是(　　　)。

```cpp
#include <iostream. h>
int main()
{
  int i=2,j=4,k=8;
  if(i++==2&&(++j==5||k++==8))
  {
  cout<<i<<','<<j<<','<<k<<endl;
  }
   return 0;
}
```

A. 3,5,9

B. 2,4,8

C. 3,5,8

D. 3,4,8

课堂速记

6. 若变量已正确定义,以下程序段中不能正确计算6!的程序段是(   )。

A. for(i＝1,p＝1;i<7;i＋＋) p＊＝i;

B. for(i＝1,p＝1;i<7;i＋＋) {p＝1;p＊＝i}

C. i＝1;p＝1;while(i<＝6) {p＊＝i;i＋＋;}

D. i＝1;p＝1; {p＊＝i;i＋＋;}while(i<＝6)

7. 以下关于break语句的说法正确的是(   )。

A. break语句可以出现在程序的任何位置

B. break语句只能出现在循环中

C. break语句的功能是结束本轮循环,接着判断是否进行下一轮循环

D. break语句只能出现在switch结构和循环体中

8. 下列for语句的循环次数为(   )。

for(int i＝0,x＝0;! x&&i<＝5;i＋＋)

A. 5次

B. 6次

C. 7次

D. 无穷次

9. 下面程序的功能是计算 S＝1＋1/2＋1/3＋…＋1/10。

```
#include <iostream. h>
int main( )
{
   int i;
   float s＝0;
   for(i＝1;i<＝10;i＋＋) s＝s＋1/i;
   cout<<s<<endl;
   return 0;
}
```

程序输出结果不正确,导致错误结果的程序行是(   )。

A. s＝0;

B. for(i＝1;i<＝10;i＋＋)

C. s＝s＋1/i;

D. cout<<s<<endl;

10. 以下叙述正确的是(   )。

A. 用do-while语句构成循环时,只有在while后的表达式为非零时结束循环

B. do-while语句构成的循环不能用其它循环结构来代替

C. 用do-while语句构成循环时,只有在while后的表达式为零时结束循环

D. do-while语句构成的循环只能用break语句退出

二、填空题

1. 以下程序的输出结果是_____ 。

```
#include <iostream. h>
int main( )
{
```

```
int m=10;
if(m%4) cout<<m--<<' ';
cout<<--m<<endl;
return 0;
}
```

2. 以下程序运行的结果是_____。

```
#include <iostream.h>
int main()
{
    int a=2,b=3,y=1,x=0;
    switch(y)
    {
    case 1:switch(x)
    {
    case 0:a++;break;
    case 1:b++;break;
    }
    case 2:a++;b++;break;
    }
    cout<<a<<','<<b<<endl;
    return 0;
}
```

3. 以下程序运行的结果是_____。

```
#include <iostream.h>
int main()
{
  int a=0,b=5,c=3;
  while(c>0&&a<4)
  {
    b--;
    c=c+1;
    a++;
  }
  cout<<a<<','<<b<<','<<c<<endl;
  return 0;
}
```

4. 以下程序运行的结果是_____。

```
#include  <iostream>
int main()
{
  int a=0,s=0;
  for(;;)
```

```
{
    if(a==3||a==5)
        continue;
    if(a==6)
        break;
    a++;
    s+=a;
}
cout<<s<<endl;
return 0;
}
```

5.当执行以下程序时,输入 1a2b3c＊3！＜回车＞,则其中 while 循环体将进行 _____次 。

```
#include <iostream.h>
int main( )
{
    char cc;
    while((cc=getchar())=='0')
    cout<<'#';
    cout<<endl;
    return 0;
}
```

三、编程题

1.将输入的正整数按逆序输出,例如:若输入 31245,则输出 54213。

2.编写程序输出以下形式的金字塔图案:

```
    *
   * * *
  * * * * *
 * * * * * * *
```

3.编程:输入一个字符,判别它是否为小写字母,如果是,将它转换成大写字母,如果不是,不转换。然后将得到的字符输出。

4.编程:计算级数之和:$S=1+x+x^2/2!+x^3/3!+\cdots+x^n/n!$。

5.编程:把 1～100 之间能被 3 整除的数输出。

第 4 章

数 组

课前热身随笔

本章穿针引线

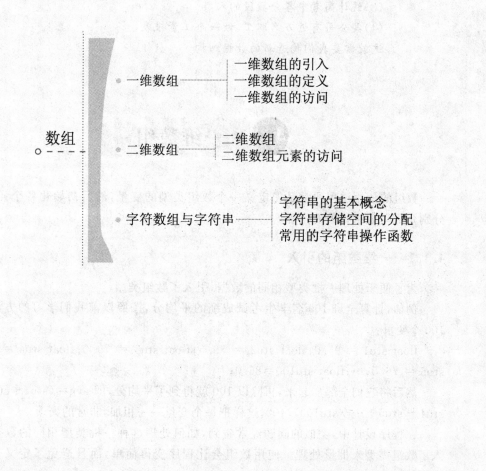

在程序中处理数据时,对于输入的数据、参加运算的数据、运行结果等临时数据,通常使用变量来保存,由于变量在一个时刻只能存放一个值,因此当数据不太多时,使用简单变量即可解决问题。

但是,有些复杂问题,利用简单变量进行处理很不方便,甚至是不可能的。例如:

(1)输入 50 个数,按逆序打印出来。

(2)输入 100 名学生某门课程的成绩,要求把平均成绩打印出来。

(3)统计高考中各分数段的人数。

(4)某公司有近万名职工,做一个工资报表。

这就需要我们构造新的数据结构——数组。

4.1 一维数组

数组的使用过程通常是先定义一个数组类型的变量,然后初始化各个元素,下面将分别介绍与数组相关的内容。

4.1.1 一维数组的引入

为了便于处理一批类型相同的数据,引入了数组类型。

例如,计算全班 100 名学生考试成绩的平均分,按照以前我们学习的方法可以定义 100 个变量:

float stu1 = 95.0;float stu2 = 89.5;float stu3 = 79.0;float stu4 = 64.5;float stu5 = 76.5;…;float stu100＝86.0;

然后将它们全部加起来,再除以 100 就得到了平均分,即 avg＝(stu1＋stu2＋stu3＋stu4＋ stu5＋…＋stu100)/100,这样把每个变量一一相加,非常的繁琐。

在程序设计中,类似的问题经常碰到,如何处理这种一批类型相同的数据,C＋＋引入了数组类型来批量处理。使用数组会让程序变得简单,而且避免了定义多个变量的麻烦。

4.1.2 一维数组的定义

前面介绍了变量,一个变量就是一个用来存储数值的命名区域。同样,一个数组就是一个用来存储一系列变量值的命名区域,因此,可以使用数组组织变量。数组也是一个变量,它存储的是相同数据类型的一组数据。数组是有序数据的集合。数组中的每一个元素都属于同一个数据类型。用一个统一的数组名和下标来唯一地确定数组中的元素。

数组的定义方式:

类型说明符 数组名[常量表达式];

例如:

int a[10];

它表示数组名为 a,此数组有 10 个元素。

说明:

(1)数组名定名规则和变量名相同,遵循标识符定名规则。

(2)数组名后是用方括弧括起来的常量表达式。如图 4-1 所示。

1010	95	a[0]
1012	80	a[1]
1014	66	a[2]
…	…	…
1028	84	a[9]

图 4-1

(3)常量表达式中可以包括常量和符号常量,不能包含变量。也就是说,C++不允许对数组的大小作动态定义,即数组的大小不依赖于程序运行过程中变量的值。例如,下面这样定义数组是不行的:

int size＝50;

int a[size];

尽管 size 已经有赋值,紧接着是数组的定义,阅读上也能理解,但是 size 是变量这一性质,在编译时会出错的。

4.1.3　一维数组的访问

C++规定数组必须先定义后访问,而且只能逐个访问数组元素而不能一次引用整个数组。通过变量定义语句定义了一个数组后,用户便可以随时使用其中的任何元素。数组元素的使用是通过下标运算符[]指明和访问的,其中运算符左边为数组名,中间为下标。一个数组元素又称为"下标变量",所使用的下标可以为常量,也可以为变量或表达式,但其值必须是整数,否则将产生编译错误。

数组元素的访问形式为:数组名[下标];

下标可以是整型常量或整型表达式。

假定 a[10]为一个已定义的数组,则下面都是访问该数组的下标变量的合法格式:

(1) a[5]　//下标为一个常数

(2) a[i]　//下标为一个变量,i 是小于 10 的整数

(3) a[i++]　//下标为后增 1 表达式

(4) a[2*i+1]　//下标为一般表达式

数组被定义后,给数组赋初值时,对数组元素的初始化可以用以下方法实现:

(1)在定义数组时对数组元素赋以初值。例如:

int a[10]＝{0,1,2,3,4,5,6,7,8,9};

(2)可以只给一部分元素赋值。例如:

int　a[10]＝{0,1,2,3,4};

定义 a 数组有 10 个元素,但花括弧内只提供 5 个初值,这表示只给前面 5 个元素赋初值,后 5 个元素值为 0。

(3)如果想使一个数组中全部元素值为 0,可以写成:

int a[10]＝{0,0,0,0,0,0,0,0,0,0};

(4)在对全部数组元素赋初值时,可以不指定数组长度。例如:

int a[5]={1,2,3,4,5};

可以写成:int a[]={1,2,3,4,5};

数组被初始化后,对数组元素的访问必须是逐个访问。

C++对数组元素的下标值不作任何检查,也就是说,当下标值超出它的有效变化范围 0～n−1(假定 n 为数组长度)时,也不会给出任何出错信息。为了防止下标值越界(即小于 0 或大于 n−1),则需要编程者对下标值进行有效性检查。例如:

(1) int a[5];

(2) for(int i=0;i<5;i++) a[i]=i*i;

(3) for(i=0; i<5; i++) cout<<a[i]<<" ";

第一条语句定义了一个数组 a,其长度为 5,下标变化范围为 0～4。第二条语句让循环变量 i 在数组 a 下标的有效范围内变化,使下标为 i 的元素赋值为 i 的平方值,该循环执行后数组元素 a[0]、a[1]、a[2]、a[3] 和 a[4] 的值依次为 0、1、4、9 和 16。第三条语句控制输出数组 a 中每一个元素的值,输出语句中下标变量 a[i] 中的下标 i 的值不会超出它的有效范围。如果在第三条语句中,用做循环判断条件的<表达式 2>不是 i<5,而是 i<=5,则虽然 a[5]不属于数组 a 的元素,但也同样会输出它的值,从编程者角度来看是一种错误。由于 C++系统不对元素的下标值进行有效性检查,所以用户必须通过程序检查,确保其下标值有效。

例 4−1 从键盘上给一个整型数组输入值,按下标从大到小打印出来。

```
#include<iostream. h>
void main()
{
    int i, a[6];
    for(i=0;i<6;i++) cin>>a[i];
    for(i=5;i>=0;i−−) cout<<a[i]<<' ';
    cout<<endl;
}
```

在程序的主函数中首先定义了一个 int 型简单变量 i 和一个含有 6 个 int 型元素的数组 a,接着使数组 a 中的每一个元素依次从键盘上得到一个相应的整数,最后使数组 a 中的每一个元素的值按下标从大到小的次序显示出来,每个值之后显示出一个空格,以便使相邻的元素值分开。

若程序运行时,从键盘上输入 3、8、12、6、20、15 这 6 个整数,则得到的输入和运行结果为:

3 8 12 6 20 15 ↙

15 20 6 12 8 3

例 4−2 输出一个整型数组中的最大值。

```
#include<iostream. h>
void main()
{
    int a[8]={25,64,38,40,75,66,38,54};
    int max=a[0];
    for(int i=1;i<8;i++)
```

```
        if(a[i]>max) max=a[i];
        cout<<"max:"<<max<<endl;
}
```

在这个程序的主函数中,第一条语句定义了一个整型数组 a[8],并对它进行了初始化;第二条语句定义了一个整型变量 max,并用数组 a 中第一个元素 a[0] 的值初始化;第三条语句是一个 for 循环,它让循环变量 i 从 1 依次取值到 7,依次使数组 a 中的每一个元素 a[i] 同 max 进行比较,若元素值大于 max 的值,则就把它赋给 max,使 max 始终保存着从 a[0]~a[i] 元素之间的最大值,当循环结束后,max 的值就是数组 a 中所有元素的最大值;第四条语句输出 max 的值。

在该程序的执行过程中,max 依次取 a[0]、a[1] 和 a[4] 的值,不会取其他元素的值。程序运行结果为:

max:75

例 4—3 从键盘上输入一个值,然后把给定数组中大于这个值的数组元素打印出来。

```
#include<iostream.h>
const int N=7;
void main()
{
    double w[N]={2.6,7.3,4.2,5.4,6.2,3.8,1.4};
    int i,x;
    cout<<"输入一个实数:";
    cin>>x;
    for(i=0;i<N;i++)
    if(w[i]>x) cout<<"w["<<i<<"]="<<w[i]<<endl;
}
```

此程序的功能是从数组 a[N] 中顺序查找出比 x 值大的所有元素并显示出来。若从键盘上输入的 x 值为 5.0,则得到的程序运行结果为:

输入一个实数:5.0↙

w[1]=7.3

w[3]=5.4

w[4]=6.2

例 4—4 把 0~9 按升序赋给数组,然后按逆序打印出来。

```
#include <iostream.h>
void main()
{
int i, a[10];
for (i=0;i<=9;i++)
a[i]=i;
for(i=9;i>=0;i--)
cout<<a[i]<<" ";
}
```

运行结果如下:

9 8 7 6 5 4 3 2 1 0

程序使 a[0]到 a[9]的值为 0～9,然后按逆序输出。

例 4—5　用数组来处理求 fibonacci 数列问题(即每数等于前两数之和),输出 fibonacci 数列的前 20 项。程序如下:

```
#include <iostream. h>
void main()
{
int i;
int fib[20]={1,1};
for(i=2;i<20;i++)
fib[i]=fib[i-2]+fib[i-1];
for(i=0;i<20;i++)
    {
    if(i%5==0) cout<<endl; //if 语句用来控制换行,每行输出 5 个数据。
    cout<<fib[i]<<"\t";
    }
}
```

运行结果如下:

1	1	2	3	5
8	13	21	34	55
89	144	233	377	610
987	1597	2584	4181	6765

例 4—6　用冒泡法对 10 个数排序(由小到大),冒泡法的思路是:将相邻两个数比较,将小的调到前面。

```
#include<iostream. h>
void main()
{
    int a[10];
    int i,j,t;
    cout<<"input 10 numbers :"<<endl;
    for(i=0;i<10;i++)
        cin>>a[i];
    cout<<endl;
    for(j=0;j<=9;j++)
      for(i=0;i<9-j;i++)
          if(a[i]>a[i+1])
          { t=a[i];a[i]=a[i+1];a[i+1]=t;}
    cout<<"the sorted numbers :"<<endl;
    for(i=0;i<10;i++)
      cout<<a[i]<<"   ";
}
```

运行情况如下:

input 10 numbers：

1 0 4 8 12 65 −76 100 −45 123↙

the sorted numbers：

−76 −45 0 1 4 8 12 65 100 123

4.2 二维数组

4.2.1 二维数组

数组可以有多个下标,需要两个下标才能标识的数组称为"二维数组"。有些数据要依赖于两个因素才能唯一地确定,是按行和列来存放信息的数值表,这类数据我们把它定义为二维数组,习惯上,我们把第一个下标表示该类数据所在行,第二个下标表示该类数据所在列。

定义二维数组的形式为：

类型标识符 数组名[常量表达式][常量表达式];

例如:float a[3][4],b[5][6];int c[11][8];

定义 a 为 3×4(3 行 4 列)的二维浮点型数组,b 为 5×10(5 行 10 列)的二维浮点型数组;c 为 11×8(11 行 4 列)的二维整型数组。

C++对二维数组采用这样的定义方式,使我们可以把二维数组看作是若干个一维数组,如上面的 a[3][4],可看作是 3 个一维数组,而每个一维数组都是有 4 个元素。

C++中,二维数组中元素排列的顺序是:按行存放,即在内存中先顺序存放第一行的元素,再存放第二行的元素。图 4-2 表示对 a[3][4]数组存放的顺序。

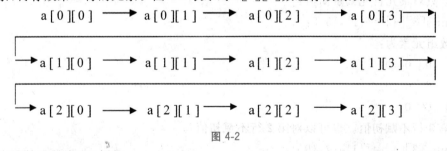

图 4-2

多维数组的定义,例如：

float a[2][3][4];

多维数组元素在内存中的排列顺序:第一维的下标变化最慢,最右边的下标变化最快。例如,上述三维数组的元素排列顺序为：

a[0][0][0]→a[0][0][1]→a[0][0][2]→a[0][0][3]→a[0][1][0]→a[0][1][1]→a[0][1][2]→a[0][1][3]→a[0][2][0]→a[0][2][1]→a[0][2][2]→a[0][2][3]→a[1][0][0]→a[1][0][1]→a[1][0][2]→a[1][0][3]→a[1][1][0]→a[1][1][1]→a[1][1][2]→a[1][1][3]→a[1][2][0]→a[1][2][1]→a[1][2][2]→a[1][2][3]

4.2.2 二维数组元素的访问

二维数组及多维数组的初始化和一维数组类似,可以用下面的方法对二维数组初始化:

(1)分行给二维数组赋初值。例如:

int a[3][4]={{1,2,3,4},{5,6,7,8},{9,10,11,12}};

(2)可以将所有数据写在一个花括弧内,按数组排列的顺序对各元素赋初值。

例如:int a[3][4]={1,2,3,4,5,6,7,8,9,10,11,12};

效果与前相同。

(3)可以对部分元素赋初值。

int a[3][4]={{1},{5},{9}};

它的作用是只对各行第1列的元素赋初值,其余元素值自动为0,赋初值后数组各元素为:

```
1  0  0  0
5  0  0  0
9  0  0  0
```

也可以对各行中的某一元素赋初值:

int a[3][4]={{1},{0,6},{0,0,11}};

初始化后的数组元素如下:

```
1  0   0  0
0  6   0  0
0  0  11  0
```

这种方法对非0元素少时比较方便,不必将所有的0都写出来,只需输入少量数据。也可以只对某几行元素赋初值:

int a[3][4]={{1},{5,6}};

数组元素为:

```
1  0  0  0
5  6  0  0
0  0  0  0
```

第3行不赋初值。也可以对第2行不赋初值:

int a[3][4]={{1},{},{9}};

(4)如果对全部元素都赋初值(即提供全部初始数据),则定义数组时对第一维的长度可以不指定,但第二维的长度不能省。如:

int a[3][4]={1,2,3,4,5,6,7,8,9,10,11,12};

与下面的定义等价:

int a[][4]={1,2,3,4,5,6,7,8,9,10,11,12};

系统会根据数据总个数分配存储空间,一共12个数据,每行4列,当然可确定为3行。

在定义时也可以只对部分元素赋初值而省略第一维的长度,但应分行赋初值。如:

int a[][4]={{0,0,3},{},{0,10}};

这样的写法,能通知编译系统:数组共有3行。数组各元素为:

```
0   0   3   0
0   0   0   0
0  10   0   0
```

一个二维数组被定义后,与使用一维数组一样,是通过下标运算符指明和访问元素,其中对行下标和列下标都要进行运算才能够唯一指定一个元素。二维数组中的一个元素由于使用了两个下标,所以又称为"双下标变量"。一个双下标变量中的任一个下标不仅可以为常量,同样可以为变量或表达式,当然它们都必须为整数类型。例如:

(1) a[2][3]　　　　//每个下标均为常量

(2) a[i][j]　　　　//每个下标均为变量

(3) a[i][5]　　　　//行下标为变量,列下标为常数

(4) a[i−1][j+1]　//每个下标均为表达式

若 i 和 j 的值分别为 2 和 3,则上述下标变量 a[i][j] 对应的元素为 a[2][3],a[i][5] 对应的元素为 a[2][5],a[i−1][j+1] 对应的元素为 a[1][4]。

例 4−7 初始化一个整型二维数组,按行列式输出。

```cpp
#include <iostream.h>
#include <iomanip.h>
void main()
{
    int a[3][4]={{7,5,14,3},{6,20,7,8},{14,6,9,18}};
    int i,j;
    for(i=0;i<3;i++)
    {
        for(j=0;j<4;j++)
          cout<<setw(5)<<a[i][j];
        cout<<endl;
    }
}
```

该程序首先定义了一个元素为 int 类型的二维数组,并对它进行了初始化;接着通过双重 for 循环输出每一个元素的值,其中外循环变量 i 控制行下标从小到大依次变化,内循环变量 j 控制列下标从小到大依次变化,每输出一个元素值占用显示窗口的 5 个字符宽度,当同一行元素(即行下标值相同的元素)输出完毕后,将输出一个换行符,以便下一行元素从显示窗口的下一行显示出来。该程序的运行结果为:

```
    7    5   14    3
    6   20    7    8
   14    6    9   18
```

例 4−8 初始化一个整型二维数组,输出其值最大的元素。

```cpp
#include<iostream.h>
    void main()
    {
    int b[2][5]={{7,15,2,8,20},{12,25,37,16,28}};
    int i,j,k=b[0][0];
```

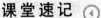
```
    for(i=0;i<2;i++)
       for(j=0;j<5;j++)
          if(b[i][j]>k) k=b[i][j];
       cout<<k<<endl;
    }
```

在这个程序中首先定义了元素类型为 int 的二维数组 b[2][5]并初始化,接着定义了 int 型的简单变量 i、j、k,并对 k 初始化为 b[0][0]的值 7,然后使用双重 for 循环依次访问数组 b 中的每个元素,并且每次把大于 k 的元素值赋给 k,循环结束后 k 中将保存着所有元素的最大值,并被输出来,这个值就是 b[1][2]的值 37。

例 4-9 初始化一个整型二维数组,输出每行的和及所有元素的和。

```
#include<iostream. h>
   void main()
   {
     int c[4]={0};
     int d[4][3]={{1,5,7},{3,2,10},{6,7,9},{4,3,7}};
     int i,j,sum=0;
     for(i=0;i<4;i++)
     {
        for(j=0;j<3;j++)
            c[i]+=d[i][j];
        sum+=c[i];
     }
        for(i=0;i<4;i++)
            cout<<c[i]<<" ";
     cout<<sum<<endl;
   }
```

该程序主函数中的第一条语句定义了一个一维数组 c[4],并使每个元素初始化为 0;第二条语句定义了一个二维数组 d[4][3],并使每个元素按所给的数值初始化;第三条语句定义了 i,j 和 sum,并使 sum 初始化为 0;第四条语句是一个双重 for 循环,它依次访问数组 d 中的每个元素,并把每个元素的值累加到数组 c 中与该元素的行下标值相同的对应元素中,然后再把数组 c 中的这个元素值累加到 sum 变量中;第五条语句依次输出数组 c 中的每个元素值;第六条语句输出 sum 的值。该程序把二维数组 d 中的同一行元素值累加到一维数组 c 中的相应元素中,把所有元素的值累加到简单变量 sum 中。该程序的运行结果为:

13 15 22 14 64

例 4-10 将一个二维数组行和列元素互换,存到另一个二维数组中。例如:

$$a=\begin{vmatrix} 1 & 2 & 3 \\ 4 & 5 & 6 \end{vmatrix} \quad 转换为 \quad a=\begin{vmatrix} 1 & 4 \\ 2 & 5 \\ 3 & 6 \end{vmatrix}$$

程序如下:

```
#include<iostream. h>
void main()
```

```
{
    int  a[2][3]={{1,2,3},{4,5,6}};
    int  b[3][2],i,j;
    cout<<"array a:"<<endl;
    for(i=0;i<=1;i++)
    {
        for (j=0;j<=2;j++)
        {
            cout<<a[i][j]<<"   ";
            b[j][i]=a[i][j];
        }
        cout<<endl;
    }
    cout<<"array b:"<<endl;
    for(i=0;i<=2;i++)
    {
        for(j=0;j<=1;j++)
            cout<<b[i][j] <<"   ";
        cout<<endl;
    }
}
```

运行结果如下:

array a:

1   2   3
4   5   6

array b:

1   4
2   5
3   6

例4—11 有一个3×4的矩阵,要求编程序求出其中值最大的那个元素的值,以及其所在的行号和列号。

程序如下:

```
#include<iostream. h>
void main()
{
    int  i,j,row=0,colum=0,max;
    int  a[3][4]={{1,2,3,4},{9,8,7,6},{-10,10,-5,2}};
    max=a[0][0];
    for(i=0;i<=2;i++)
        for(j=0;j<=3;j++)
```

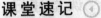

```
if(a[i][j]>max)
{
max=a[i][j];
row=i;
colum=j;
}
cout<<"max="<<max<<"row="<<row<<"colum="<<colum<<endl;
}
```

输出结果为：

```
max=10   row=2   colum=1
```

4.3 字符数组与字符串

用来存放字符数据的数组是字符数组，字符数组中的一个元素存放一个字符，一维字符数组可以用来存放一个字符串，二维字符数组用来存放多个字符串。字符数组具有数组的共同属性。由于字符串应用广泛，C++专门为它提供了许多方便的用法和函数。

4.3.1 字符串的基本概念

字符串：由零个或多个字符顺序排列组成的有限序列。它是一种特殊的线性表，其特殊性主要体现在组成表的每个元素均为一个字符，以及与此相应的一些特殊操作。在C++中，字符串被定义为一维字符型数组。一个字符串就是用一对双引号括起来的一串字符，其双引号是该字符串的起、止标志符，它不属于字符串本身的字符。如：

"string"、"Visual C++"、"a+b="、"姓名,年龄"、"Input a integer to x:"都是C++字符串。

串的长度：一个串中所包含的字符的个数。一个字符串的长度等于双引号内所有字符的长度之和，其中每个 ASCII 码字符的长度为 1，每个区位码字符（如汉字）的长度为2。如上面每个字符串的长度依次为 6、10、4、9 和 21。

特殊地，当一个字符串不含有任何字符时，则称为"空串"，其长度为 0，当只含有一个字符时，其长度为 1，如""是一个空串，"A"是一个长度为 1 的字符串。注意：'A'和"A"是不同的，前者表示一个字符 A，后者表示一个字符串 A，虽然它们的值都是 A，但稍后便知它们具有不同的存储格式。

字符（char）：组成字符串的基本单位。在 C 和 C++中，字符类型是单字节（8 bits）的基本类型，并采用 ASCII 码对 128 个符号（字符集 charset）进行编码。

在一个字符串中不仅可以使用一般字符，而且可以使用转义字符。如字符串"\"cout<<ch\"\n"中包含有 11 个字符，其中第 1 个和第 10 个为表示双引号的转义字符，最后一个为表示换行的转义字符。

4.3.2 字符串存储空间的分配

在 C++中，存储字符串是利用一维字符数组来实现的，该字符数组的长度要大于等于待存字符串的长度加1。设一个字符串的长度为 n,则用于存储该字符串的数组的长度应至少为 n+1。

用一个字符数组可以存放一个字符串中的字符。其定义方法与前面介绍的一样。

例如:char　s[11];

s[0]='I';s[1]=' ';s[2]='a';s[3]='m';s[4]=' ';s[5]='h';s[6]='a';s[7]='p';s[8]='p';s[9]='y';s[10]='\0'。

定义 s 为字符数组,包含 11 个元素。在赋值以后数组的状态如图 4-3 所示。

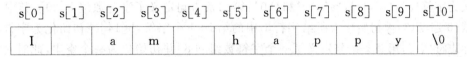

s[0]	s[1]	s[2]	s[3]	s[4]	s[5]	s[6]	s[7]	s[8]	s[9]	s[10]
I		a	m		h	a	p	p	y	\0

图 4-3　字符数组元素的存储

对字符数组初始化,最容易理解的方式是逐个字符赋给数组中各元素。如:char s[11]={'I',' ','a','m',' ','h','a','p','p','y','\0'};把 10 个字符分别赋给 s[0]到 s[9]10 个元素。

如果花括弧中提供的初值个数(即字符个数)大于数组长度,则按语法错误处理。如果初值个数小于数组长度,则只将这些字符赋给数组中前面那些元素,其余的元素自动定为空字符(即 '\0')。如:

char s[10]={'c',' ','P','r','o','g','r','a','m'};

数组状态如图 4-4 所示。

C[0]	c[1]	c[2]	c[3]	c[4]	c[5]	c[6]	c[7]	c[8]	c[9]
c		p	r	o	g	r	a	m	\0

图 4-4　字符数组元素的存储

如果提供的初值个数与预定的数组长度相同,在定义时可以省略数组长度,系统会自动根据初值个数确定数组长度。如:

char s[]={'I',' ','a','m',' ','h','a','p','p','y'};

数组 s 的长度自动定为 10。用这种方式可以不必人工去数字符的个数,尤其在赋初值的字符个数较多时,比较方便。

在 C++中,将字符串作为字符数组来存放。C++规定了一个"字符串结束标志",以字符 '\0' 代表。

char s[]={'I',' ','a','m',' ','h','a','p','p','y','\0'};

而不与下面的等价:

char c[]={'I',' ','a','m',' ','h','a','p','p','y'};

前者的长度为 11,后者的长度为 10。

因此,人们为了使处理方法一致,便于测定字符串的实际长度,以及在程序中作相应的处理,在字符数组也常常人为地加上一个 '\0'。如:

char s[11]={'I',' ','a','m',' ','h','a','p','p','y','\0'};

来存放一个字符串"I am happy"中的字符。字符串的实际长度 10 与数组长度 11 不相等,在存放上面 10 个字符之外,系统对字符数组最后两元素自动填补空字符 '\0',为了测定字符串的实际长度,C++规定用 '\0' 作为字符串结束标志,由它前面的字符组成字符串。

一个字符串能够在定义字符数组时作为初始化数据被存入到数组中,可以通过赋值

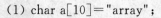

课堂速记

表达式直接赋值。如：

(1) char a[10]="array";

(2) char b[20]="This is a pen. ";

(3) char c[8]="";

(4) a="struct";

(5) a[0]='A';

第一条语句定义了字符数组 a[10] 并被初始化为"array"，其中 a[0]～a[5]元素的值依次为字符'a'，'r'，'r'，'a'，'y'和'\0'；第二条语句定义了字符数组 b[20]，其中 b[i]元素(0≤i≤13)被初始化为所给字符串中的第 i+1 个字符，b[14]被初始化为字符串结束标志符'\0'；第三条语句定义了一个字符数组 c[8]并初始化为一个空串，此时它的每个元素的值均为'\0'；第四条语句是非法的，因为它试图使用赋值号把一个字符串直接赋值给一个数组，这在 C++中是不允许的；第五条是合法的，它把字符'A'赋给了 a[0]元素，使得数组 a 中保存的字符串变为"Array"。

利用字符串初始化字符数组也可以写成初值表的方式。如上述第一条语句与下面语句完全等效。

char a[10]={'a','r','r','a','y','\0'}； //'\0' 也可直接写为 0

用于存储字符串的字符数组，其元素可以通过下标运算符访问，这与一般字符数组和其他任何类型的数组是相同的。除此之外，还可以对它进行整体输入输出操作和有关的函数操作。如假定 a[11]为一个字符数组，则：

(1) cin>>a;

(2) cout<<a;

以上是允许的，即允许在输入或输出操作符后面使用一个字符数组名实现向数组输入字符串或输出数组中保存的字符串的目的。

计算机执行上述第一条语句时，要求用户从键盘上输入一个不含空格的字符串，用空格或回车键作为字符串输入的结束符，系统就把该字符串存入到字符数组 a 中，当然在存入的整个字符串的后面将自动存入一个结束符 '\0'。

注意：输入的字符串的长度要小于数组 a 的长度，这样才能够把输入的字符串有效地存储起来，否则是程序设计的一个逻辑错误，可能导致程序运行出错。另外，输入的字符串不需要另加双引号定界符，只要输入字符串本身即可，假如输入了双引号则被视为一般字符。

利用一维字符数组能够保存一个字符串，而利用二维字符数组能够同时保存若干个字符串，最多能保存的字符串个数等于该数组的行数。如：

(1) char a[7][4]={"SUN","MON","TUE","WED","THU","FRI","SAT"};

(2) char b[][8]={"well","good","middle","pass","bad"};

(3) char c[6][10]={"int","double","char"};

(4) char d[10][20]={""};

在第一条语句中定义了一个二维字符数组 a，它包含 7 行，每行具有 4 个字符空间，每行用来保存长度小于等于 3 的一个字符串。该语句同时对 a 进行了初始化，使得"SUN"被保存到行下标为 0 的行里，该行包含 a[0][0],a[0][1],a[0][2]和 a[0][3]这 4 个二维元素，每个元素的值依次为'S','U','N'和 '\0'，同样"MON"被保存到行下标为 1 的行里……"SAT" 被保存到行下标为 6 的行里。以后既可以利用双下标变量 a[i][j](0≤i≤6,0≤j≤2)访问每个字符元素，也可以利用只带行下标的单下标变量 a[i](0≤i≤6)

访问每个字符串。如 a[2]则表示字符串"TUE",a[5]则表示字符串""FRI",cin>>a[4]则表示从键盘上向 a[4]输入一个字符串,cout<<a[i]则表示向屏幕输出 a[i]中保存的字符串。

上述第二条语句定义了一个二维字符数组 b,它的行数没有显式地给出,隐含为初值表中所列字符串的个数,因所列字符串为 5 个,所以该数组 b 的行数为 5,又因列下标的上界定义为 8,所以每一行所存字符串的长度要小于等于 7。该语句被执行后,b[0]表示字符串"well",b[1]表示字符串"good"……

第三条语句定义了一个二维字符数组 c,它最多能够存储 6 个字符串,每个字符串的长度要不超过 9,该数组前三个字符串元素 c[0],c[1]和 c[2]分别被初始化为"int","double"和"char",后三个字符串元素均被初始化为空串。

第四条语句定义了一个能够存储 10 个字符串的二维字符数组 d,每个字符串的长度不得超过 19。该语句对所有字符串元素初始化为一个空串。

例 4—12 输出一个钻石图形。

```
#include<iostream.h>
void main()
{
char diamond[][5]={{' ',' ','*'},{' ','*',' ','*'},{'*',' ',' ',' ','*'},{' ','*',' ','*'},{' ',' ','*'}};
    int i,j;
    for(i=0;i<5;i++)
    {
    for(j=0;j<5;j++)
    cout<<diamond[i][j];
    cout<<endl;
    }
}
```

4.3.3 常用的字符串操作函数

在 C++的函数库中提供了一些用来处理字符串的函数,字符串处理函数可分为字符串的输入、输出、合并、修改、比较、转换、复制、搜索几类。下面介绍几种常用的字符串函数:

1. 字符串的输出函数:Puts(字符数组)

其作用是:将一个字符串(以 '\0' 结束的字符序列)输出到终端。例如:

char str[]={"china\nbeijing"};

puts(str);

输出:

china

beijing

2. 字符串的输入函数:gets(字符数组)

其作用是:从终端输入一个字符串到字符数组,并且得到一个函数值。该函数值是字符数组的起始地址。

注意:用 puts 和 gets 函数只能输入或输出一个字符串,不能写成 puts(str1,str2)或

课堂速记

gets(str1,str2)。

3. 字符串连接函数:strcat(字符数组 1,字符数组 2)

其功能:把"字符数组 2"中的字符串连接到"字符数组 1"中字符串的后面,并删去"字符数组 1"后的串标志 '\0'。本函数返回值是"字符数组 1"的首地址。

例 4—13 连接两个字符串。

```
#include<string. h>
#include<iostream. h>
#include "stdio. h"
void main()
{
    char st1[30]="My name is ";
    int st2[10];
    cout<<"input your name:";
    gets(st2);
    strcat(st1,st2);
    puts(st1);
}
```

本程序把初始化赋值的字符数组与动态赋值的字符串连接起来。要注意的是:"字符数组 1"应定义足够的长度,否则不能全部装入被连接的字符串。

4. 字符串拷贝函数:strcpy(字符数组 1,字符数组 2)

strcpy 是 string copy(字符串复制)的缩写,它是"字符串复制函数"。作用是将"字符数组 2"复制到"字符数组 1"中去。例如:

```
char str1[10],str2[]={"china"};
strcpy(str1,str2);
```

说明:

(1)"字符数组 1"必须定义得足够大,以便容纳被复制的字符串。字符数组 1 的长度不应小于"字符数组 2"的长度。

(2)"字符数组 1"必须写成数组名形式(如 str1),"字符数组 2"可以是字符数组名,也可以是一个字符串常量。如 strcpy(str1,"china");作用与前相同。

(3)复制时连同字符串后面的 '\0' 一起复制到"字符数组 1"中。

(4)不能用赋值语句将一个字符串常量或字符数组直接给一个字符数组。如下面两行都是不合法的:

```
str1={"china"};
str2=str1;
```

例 4—14 拷贝字符串例子。

```
#include<string. h>
#include<iostream. h>
void main()
{
    char st1[15],st2[]="C++ Language";
    strcpy(st1,st2);
```

```
    cout<<st2<<endl;
    cout<<st1;
}
```

本函数要求"字符数组 1"应有足够的长度,否则不能全部装入所拷贝的字符串。

5. 字符串比较函数:strcmp(字符串 1,字符串 2)

strcmp 是 string compare(字符串比较)的缩写,作用是比较"字符串 1"和"字符串 2"。用法如下:

strcmp(str1,str2);

strcmp("china","Korea");

strcmp(str1,"beijing");

字符串比较的规则与其他语言中的规则相同,即对两个字符串自左至右逐个字符相比(按 ASCII 码值大小比较),直到出现不同的字符或遇到 '\0' 为止。如全部字符相同,则认为相等;若出现不相同的字符,则以第一个不相同的字符的比较结果为准。例如:

"a"<"b"、"a"="a"、"computer">"compare"、"these">"that"、"36＋54">"！＆＃"、"china">"canada"、"DOG"<"cat"

(1) 如果字符串 1=字符串 2,函数值为 0。

(2) 如果字符串 1>字符串 2,函数值为一正整数。

(3) 如果字符串 1<字符串 2,函数值为一负整数。

注意:对两个字符串比较,不能用以下形式:

if(str1＝＝str2) cout<<"yes";

而只能用:if(strcmp(str1,str2)＝＝0)cout<<"yes";

6. 测字符串长度函数:strlen(字符数组)

strlen 是 string Lengh(字符串长度)的缩写,它是测试字符串长度的函数。函数的值为字符串中的实际长度,不包括 '\0' 在内。如:

char str[10]={"china"};

cout<<strlen(str);

输出结果不是 10,也不是 6,而是 5,也可以直接测字符串常量的长度,如 strlen("china");

以上介绍的字符串处理函数都在头文件 string.h 中定义,因此在程序设计中,如果用到这些字符串处理函数,需要把把头文件 string.h 包含进来,即 ＃include<string.h>。

例 4－15 输入一行字符,统计其中有多少个单词,单词之间用空格分隔开。

程序如下:

```
＃include <iostream.h>
＃include<string.h>
void   main()
{
    char str[81];
    int   i,num=0,word=0;
    char   c;
    gets(str);
    for(i=0;(c=str[i])!＝'\0';i＋＋)
```

```
if(c= =' ')word=0;
else if(word==0)
{
    word=1;
    num++;
}
cout<<"There are"<< num<<"words in the line. ";
}
```

运行情况如下：

输入：I am a boy. ↙

There are 4 words in the line.

例 4-16　有 3 个字符串，要求找出其中最大者。

程序如下：

```
#include <iostream. h>
#include<string. h>
void main()
{
    char str1[20];
    char str2[3][20];
    int  i;
    for(i=0;i<3;i++)
      gets (str2[i]);
    if(strcmp(str2[0],str2[1])>0)strcpy (str1,str2[0]);
    else   strcpy(str1,str2[1]);
    if(strcmp(str2[2],str1)>0) strcpy(str1,str[2]);
    cout<<endl<<"the largest string is："<<str1;
}
```

运行结果如下：

如输入：china↙ holland↙ america↙

输出：

the largest string is：holland

课后延伸

学完本章内容后，可以阅读以下相关内容的书籍，以巩固所学知识和拓展知识面。

1.谭浩强. C++程序设计［M］.北京：清华大学出版社,2004.

2.陆虹.程序设计基础——逻辑编程及 C++实现［M］.北京：高等教育出版社,2005.

闯关考验

一、选择题

1. 下面关于数组的说法正确的是(　　)。

A. 它与普通变量没什么区别

B. 它的元素的数据类型可以相同,也可以不同

C. 它用数组名标识其元素

D. 数组的元素的数据类型是相同的

2. 定义数组长度时,其"元素个数"允许的表示方式是(　　)。

A. 整型常量

B. 整型表达式

C. 整型常量或整型表达式

D. 任何类型的表达式

3. 关于一维数组的初始化,下列说法错误的是(　　)。

A. 可以只给一部份元素赋值

B. 不能给数组整体赋初值

C. 能给数组整体赋初值

D. 对全部数组元素赋初值时,可以不指定数组长度

4. 给出下面定义:

char a[]="abcd";

char b[]={'a','b','c','d'};

则下列说法正确的是(　　)。

A. 数组 a 与数组 b 等价

B. 数组 a 和数组 b 的长度相同

C. 数组 a 的长度大于数组 b 的长度

D. 数组 a 的长度小于数组 b 的长度

5. 下列说法正确的是(　　)。

A. 字符型数组与整型数组可通用

B. 字符型数组与字符串其实没什么区别

C. 当字符串放在字符数组中,这时要求字符数组长度比字符串长 1 个单元,因为要放字符串终结符 '\0'

D. 字符串的输出可以用它所存储的数组来输出,也可以字符串的形式整体输出,结果没区别

6. 下面选项中等价的是(　　)。

A. int a[2][3]={1,0,2,2,4,5}与 int a[2][]={1,0,2,2,4,5};

B. int a[][3]={1,0,2,2,4,5}与 int a[2][3]={1,0,2,2,4,5};

C. int a[2][3]={3,4,5}与 int a[][3]={3,4,5};

D. int a[2][3]={0,1}与 int a[2][3]={{0},{1}};

7. 下列数组的定义中错误的是(　　)。

A. char ca1[]={'c','m','n'};

课堂速记

B. char ca2＝"name";

C. char ca3[4]＝"your";

D. int array[]＝{1,2,3,4};

8.在定义 int a[3][2]以后,对数组 a 的引用正确的是(　　　)。

A. a[0, 0]

B. a[3][5]

C. a[2][2]

D. a[0][0]

9.关于字符数组的输入输出,下列说法错误的是(　　　)

A.输出字符不包括结束符 '\0'

B.输出字符包括结束符 '\0'

C.如果数组长度大于字符串实际长度,也只输出到遇 '\0' 结束

D.如果一个字符数组中包含一个以上 '\0',则遇第一个 '\0' 时输出结束

10.下面程序的输出结果是(　　　)。

```
#include<iostream. h>
void main( )
{
    int a[3][3]＝{{1,2},{3,4},{5}};
    int sum＝0;
    for (int i=1;i<3;i++)
    for (int j=0;j<=i;j++)
    sum+=a[i][j];
    cout<<sum<<endl;
}
```

A. 12

B. 14

C. 15

D. 13

二、填空题

1.数组是若干个同_____数据元素的集合。

2. int a[11];上面的代码定义了一个数组,其中数组名为 a,数组元素类型为整型,数组元素个数为 11,第一个数组元素的下标值为_____和最后一个数组元素的下标值为_____。

3.在数组初始化时,如果初始化的元素比数组中的元素少,则其余元素自动初始化为_____,若 int a[3]＝{4},则 a[2]＝_____,若 int a[3]＝{1,2,3,4},则a[2]＝_____。

4.下面的函数返回数组中最大元素的下标,数组中元素个数为 t,将程序补充完整。

```
int findmax(int s[],int t)
{
    int k,p;
    for(p=0,k=p;p<t;p++)
```

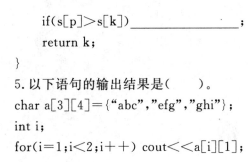

```
    if(s[p]>s[k])_____;
    return k;
}
```

5.以下语句的输出结果是(　　)。

```
char a[3][4]={"abc","efg","ghi"};
int i;
for(i=1;i<2;i++) cout<<a[i][1];
```

三、编程题

1.某班有 48 个学生,进行了 C++考试,编写程序将考试成绩输入一维数组,并求平均成绩及不及格学生的人数。

2.设有一个数列,它的前四项为 0、1、2、3,以后每项分别是其前四项之和,编程求此数列的前 20 项。用一维数组完成此操作。

3.设计一个程序,打印杨辉三角形。

4.输入一个字符串,求出字符串长度(不能用 strlen 函数),输出字符串及其长度。

5.输入一行字符,分别统计出其中英文字母、空格、数字字符和其他字符的个数。

第 5 章

函　　数

目标规划

（一）知识目标

掌握函数的概念、定义和调用方法；掌握函数参数值传递的过程，并能够灵活运用；理解变量的作用域与生存期的概念，能够理解全局变量、局部变量、静态变量的概念和用法；理解内联函数的概念、作用，会定义内联函数；理解函数重载的概念、作用，能够熟练地定义和运用重载函数。

（二）技能目标

熟练掌握函数的定义和调用方法的技能；在函数的调用过程中，根据需要能灵活地使用函数调用中的参数传递方式技能；熟练地定义函数变量的作用域和生存期，并能熟练地应用；熟练地定义和运用重载函数。

课前热身随笔

本章穿针引线

函数 —— {

- 函数的概述

- 函数的定义和调用 —— 函数的定义
函数的调用
函数的递归调用

- 函数原型与头文件 —— 函数原型
头文件

- 函数调用中的参数传递 —— 值传递
引用传递

- 函数和变量的作用域 —— 函数的作用域
变量的作用域
生存周期

- 内联函数

- 函数的重载

随着软件的功能越来越强大,软件也变得越来越复杂。在编写一个较大的程序时,为了便于管理,可以采用一些较好的程序策略,常用的方法是将程序分割成一些具有特定功能的,相对独立且便于管理和阅读的小模块。这种分隔工具就是函数。本章将介绍函数的定义、函数的调用机制、函数参数的传递机制、函数重载以及函数和变量的作用域等。

5.1 函数的概述

把相关的语句组织在一起,并给它们注明相应的名称,利用这种方法把程序分割成一些相对独立且便于管理和阅读的小块程序,这种形式的组合就称为"函数"。函数通常也称为"例程"或"过程"。

函数是构成 C++程序的基本单位,C++程序的运行是由主函数 main()开始,然后通过一系列函数调用来实现各种功能。这就是说,在 C++中必须包含一个 main()函数,这个函数是程序的主函数,前面几章的程序都是只有一个 main()函数组成,这对于小程序(或完成简单功能的程序)来说是可以的,但对于大型程序来说,将所有程序语句放在一个函数中是不现实的。必须要将复杂问题拆成若干小问题,使每个小问题都易于解决。而函数的主要作用正是将复杂程序拆成若干易于实现的子程序。此外,函数还有另外一个功用就是将程序中重复实现的功能封装到一个函数中,这样,该功能只需在一个函数中实现,而在程序中用到该功能的地方只需要调用该函数即可,这样即提高了程序的开发效率,也提高了程序的可靠性,同时也极大地增强了程序的可读性。

函数的使用是通过函数调用来实现的。函数调用指定了被调用函数的名字(函数名和调用函数所需的信息——参数)。可以将函数调用的过程类比打电话的过程,我们要求电话(相当于调用被调用函数)按照我们的要求(输入的电话号码)完成打电话的功能,最后获得了这项功能的结果——通话信息(相当于函数结果)。如果不符合要求,如电话号码输错(相当于函数参数不符合要求),就不会得通话结果。

函数包括两种:系统库函数和用户自定义函数。

库函数也称为"标准函数",是在 C++编译系统中已经预先定义的函数。C++把一些常用的操作以库函数的方式提供给用户,包括常用的数学计算函数 sqrt()、pow(),又如字符串处理函数 strcpy()、strcat()、strcmp(),标准输入输出函数 put()、write()等。如果用户要使用库函数,只需要在自己的程序中包含库函数的头文件。头文件是指包含这些函数、变量、常量、对象、数据类型说明的文件。在后面章节将会详细介绍。

所谓用户自定义函数是完成用户定义的功能并且相对独立的函数。本章主要介绍自定义函数的定义和调用方法。

C++采用一种层次式管理的方法管理调用与被调用函数的关系,一个函数可以被函数调用,也可以调用函数。可以通过结合已有函数的方法建立新的函数,由多个小函数建立大函数。

可以把这种形式与管理的层次形式相比,老板(调用函数或调用者)要求工人(被调用函数)完成任务并在任务完成之后返回(即报告)结果。老板函数并不知道工人函数如何完成工作。工人又可能调用其他工人函数,这是老板所不知道的。图 5-1 反映了函数的层次组织结构以及相互之间的调用关系。注意 worker1 是 worker4 和 worker5 的老板函数。也就是函数 worker1()中调用了 worker4()和 worker5()函数。

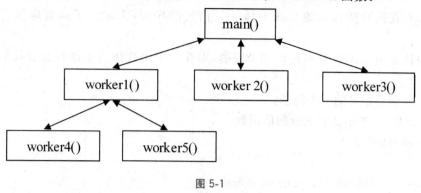

图 5-1

5.2 函数的定义和调用

5.2.1 函数的定义

函数可以被看作是一个由用户定义的操作。一般来说,函数由一个名字来表示,称为"函数名"。这个函数要反映所具备的功能,其命名规则与标识符相同。函数的操作数,称为"参数",由一个位于括号中并且用逗号分隔的参数表指定。函数的结果称为"返回值",返回值的类型称为"函数返回类型"。不产生值的函数,返回类型是 void,意思是什么都不返回。函数执行的动作在函数体中指定。函数返回类型、函数名、形式参数表和函数体构成了函数定义。

我们已经知道在程序中使用函数可以极大地增强程序的可读性,并能使复杂问题简单化。然而 C++并没有为用户提供所有的所需函数,C++的设计者也不可能知道每个用户的要求,因此,必须学会编写用户自己的函数。

在标准 C++中,函数的定义形式为:

<返回类型> <函数名>(<形式参数列表>)

{

  <函数体>

}

<函数名>一般是标识符,这个函数名要反映所具备的功能,其命名规则与标识符相同。一个程序只有一个 main()函数,其他函数名可随意取(当然,必须避免使用 C++的关键字),好的程序设计风格要求函数名最好是取有助于记忆的名字,如 get-char 函数,通过函数的名字可以知道函数的功能,这无疑会增加程序的可读性。

<形参列表>是由逗号分隔的,分别说明函数的各个参数。形参将在函数被调用时从调用函数那里获得数据。在 C++中,函数形参列表可以为空,即一个函数可以没有参数。但即使函数形参列表为空,括起函数参数的一对圆括号也不允许省略。

<返回类型>又称"函数类型",表示一个函数所计算(或运行)的结果值的类型。如果一个函数没有结果值,如函数仅用来更新(或设置)变量值、显示信息等,则该函数返回

类型为 void 类型。一个没有返回值的函数类似于一些程序语言(如 Passcal 语言)中的过程(procedure)。

由一对花括号括起来的＜函数体＞是语句的序列,它定义了函数应执行的具体操作。

需要注意的是,C++不允许定义嵌套,即在一个函数体内不能包含有其他函数的定义。

下面是函数定义的一些例子。

例 5-1 无参函数和无返回值函数。

```cpp
void sayHello(void)
{
    cout<<"Hello Everyone"<<endl;
    return;
}
```

这个函数演示了无参函数和无返回值函数的用法,无参函数就是函数没有参数信息,这时候可以像下例这样定义,也可以省略参数表。没有返回值的函数的返回类型必须定义为 void,在函数体中,函数的返回值用 return 关键字返回。如果没有返回值,可以省略 return 关键字,下面程序完成的功能和例 5-1 一样。

```cpp
void sayHello( )
{
    cont<<"Hello Everyone"<<endl;
}
```

例 5-2 有参函数和函数返回值。

```cpp
int abs(int num)
{
    //返回 num 的绝对值
    return (num<0 ? - num : num);
}
int min(int p1,int p2)
{
    //返回 p1 和 p2 中最小值
    if (p1<p2)
    return p1;
    else
        return p2;
}
```

这两个程序演示了有参函数的使用方法,函数的参数表包括参数类型和参数名,当有多个参数的时候,参数间用逗号分隔,并且每个参数都要有类型说明,不能将参数合在一起用一个类型说明。如:

```cpp
int max(int x , y)      //错误,函数参数表书写错误!
```

函数的返回值也称"函数值"。当函数有返回值时,在函数体中必须有 retunrn 语句来返回该函数的值。return 语句的一般格式为:

```cpp
return <表达式>;      //如:min 函数
```

或

return（＜表达式＞）；　//如：abs 函数

这里＜表达式＞可以为第 2 章介绍的任意合法的表达式。当没有返回值的时候,该表达式可以为空语句";"。即 return;

当函数存在返回值的时候,首先求出表达式的值,再将该值转换成函数定义时规定的返回值类型,作为函数的返回值返回。例如：

int min(float p1,float p2)

{

return（x＜y？x：y）；　　　//返回 p1 和 p2 中最小值

}

这个函数的返回值是整型,当执行 return 语句时,先计算表达式的值(实型),再将其转换为整型作为函数的返回值。这里的 min( )函数使用了条件操作符完成了返回 p1 和 p2 中的最小值的功能。

例 5－2 中的 min( )函数还演示了 return 语句可以改变程序的执行顺序,即当在一个函数体中执行到 return 语句时,立即结束该函数的执行,并将控制转移到该函数调用处的下一条语句上。这就是说,一个函数中可以有多条 return 语句,只要函数执行到了return 语句,立刻结束函数的执行。

例如：

int abs(int num)

{

　　//返回 num 的绝对值

　　return（num＜0？ - num：num）；　　//结束函数的执行

　　return（num＜0 ？ - num ： num）；　　//肯定不会执行该语句

}

当函数有返回值的时候,必须保证在任何情况下都能执行到一个 return 语句。下面的函数在编译时就会出错：

int abs（int num）

{

　　//返回 num 的绝对值

　　if（a＞0）return a;

　　else if（a＜0）return - a;

}

当 a＝0 的时候,在该函数中不能执行任何 return 语句,因此在编程的过程中应该注意对返回值的写法,避免这种情况的出现。

5.2.2　函数的调用

在 C＋＋中,函数的功能是通过在程序中对其调用来实现的。调用一个函数,就是把控制权转去执行该函数的函数体,函数体执行完之后,再将控制权转到调用函数处。函数调用分无参函数调用和有参函数调用两种。

无参函数调用的一般格式为：

函数名( );

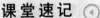

有参函数调用的一般格式为：

函数名（实参表）；

其中实参表是一系列用逗号分开的实参说明。每一个实参就是一个表达式，可以是常量、变量、函数调用等不含操作符的简单表达式，也可以是包含操作符的复杂表达式，但必须保证在数量和类型上与函数定义中的参数表一致。若有两个对应的参数类型不一致，则将自动进行必要的类型转换；若两种类型无法相互转换，则会产生编译错误。

有两种不同方式的函数调用：作为表达式的函数调用和作为语句的函数调用。

作为表达式的函数调用本身就是一个表达式，或者是某个表达式中的一个子表达式，它的值将参与整个表达式的求值过程，因此被调用函数必须是有返回值的函数。例如：

results＝abs(－5)；

就是一个典型的把函数作为表达式调用的例子，其中的 abs(－5)（函数的定义见5.2.1小节）是整个赋值表达式的一个子表达式。

作为语句的函数调用就是在一个语句中单独使用函数调用，也就是在函数调用后加语句结束符"；"。在这种情况下，被调用函数可以没有返回值，如果有，也被舍弃不用。例如：

sayHello( )；

abs (－5)；

就是两个作为语句的函数调用（它们的定义见前一节）。调用 sayHello( )函数在屏幕上显示 Hello Everyone，abs( )函数的调用在此处无意义，因为它将返回值舍弃不用了。

关于形参和实参，需要注意以下几个方面：

(1)定义函数时指定的形参，再未出现函数调用时，它们不占用内存中的存储单元。只有在函数调用时，形参才被分配出内存单元，在调用结束后，形参所占的内存单元也被释放。

(2)调用时是将实参的值传递给形参，只是一个单向的传递关系，即"值递增"，形参值的改变不会影响实参的值（后面章节会详细介绍）。

下面是一个函数调用的例子。

例5－3 输入三个实数，求出其中的最大数。

```
# include < iostream. h >
int max (int x, int y)
{
return ( x>y ? x : y);
}
void print (int x)
{
cout<<"三个数中最大的数为:"<< x<<endl;
}
void main ( )
{
    int a,b,c,temp;
    cout<<"请输入三个整数:";
```

```
    cin＞＞a＞＞b＞＞c;
    temp＝max(a,b);      //①调用有参函数,函数的返回值参与表达式运算
    temp＝max(temp,c);    //②返回三个数种最大值
    print (temp);         //③调用无参函数
    }
```

在这个程序中,我们定义了两个函数 max( )和 print( ),max( )函数完成比较两个参数大小的功能,并返回参数中较大的值。print( )函数完成打印三个数中最大值的功能。程序在 main( )函数中调用了这两个函数,在①处的调用得到 a 和 b 中的较大值,函数返回的值参与整个赋值表达式的求值过程。在②处将 a 和 b 的较大值和 c 作为函数的实参传进函数,于是函数返回了三个数中的最大值,将这个值赋值给变量 temp,最后程序使用无参函数 print( ),将最大值作为 print( )函数的参数传入,于是在屏幕上打印出这个最大值。

程序中①、②、③三条函数调用语句可以合并成一个语句,即"print (max(max(a,b),c));"。

也就是说,有返回值的函数也可以作为另一个函数的实参。

5.2.3 函数的递归调用

如果一个函数在其函数体内直接或间接地调用了自己,该函数就称为"递归函数"。递归是解决某些复杂问题的十分有效的方法。递归适用以下的一般场合。

(1)数据的定义形式按递归定义。

如 Fibonacci 数列的定义:

$$\begin{cases} f(n)=f(n-1)+f(n-1) & \text{当 } n>1 \\ f(0)=1 & \text{当 } n=0 \\ f(1)=2 & \text{当 } n=1 \end{cases}$$

又如整数的阶乘定义如下:

$$\begin{cases} n!=n*(n-1)! & \text{当 } n>0 \\ 0!=1 & \text{当 } n=0 \end{cases}$$

这类递归问题可转化为递推问题,递归边界作为递推的边界条件。

(2)数据之间的关系(即数据结构)按递归定义,如树的遍历、图的搜索等。

(3)问题解法按递归算法实现,例如回溯法等。

下面的 fact 函数就是一个递归函数,它可以求出 n!。

例 5－4 求阶乘 n!。

```
int fact(int n)
{
    if(n＜＝1)
        return 1;
    else
        return n*fact(n−1);
    }
```

若用 fact(3)调用该函数,则执行过程如下:

(1)调用 fact(3),由于 n＝3(n＜＝1 条件为假),所以函数返回表达式 3*fact(2)

（2）调用 fact(2)，由于 n＝2（n≤1 条件为假），所以函数返回表达式 2 * fact(1) 的值。

（3）调用 fact(1)，由于 n＝1（n≤1 条件为真），所以函数返回数值1。

由于函数调用 fact(1)返回值为1，因此，调用 fact(2)返回值为 2 * fact(1)＝2 * 1＝2；因此，调用 fact(3)返回值为 3 * fact(2)＝3 * 2＝6。图 5-2 示意了 fact(3)递归执行过程。

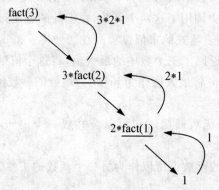

图 5-2

下面用递归来解决一个有趣的游戏——汉诺塔（Hanoi）问题。在多数介绍程序设计语言的书中，当介绍递归时都使用它作为一个说明递归的例子。

在 19 世纪，一个名为汉诺塔（Hanoi）的游戏在欧洲广为流行，目前在国内游戏玩具市场上也能见到它。传说在世纪之初，印度 Brahama 寺庙的僧侣拥有 3 根柱子，其中 1 根柱子上有 64 个盘子。盘子从底到上按照由大到小的顺序摆放。僧侣们的工作就是把这 64 个盘子从第 1 根柱子上移动到第 3 根柱子上，移动盘子时必须遵循如下规则：

①每次只移动一个盘子。

②被移动的盘子必须放在其中的一根柱子上。

③在移动过程中大盘子不能压在小盘子上。

僧侣们被告知一旦他们把所有的盘子从第 1 根柱子移动到第 3 根柱子，整个世界的末日也就到了。

编写一个程序，用于打印将盘子从第 1 根柱子移到第 3 根柱子的移动次序。

下面从递归的角度来分析一下问题。假设盘子的编号是按从上到下依次编号。首先考虑第 1 根柱子上只有 1 个盘子的情况，这时盘子可以从第 1 根柱子直接移动到第 3 根柱子上。再考虑第 1 根柱子上有 2 个盘子的情况。首先，要把盘子 1 从柱子 1 移动到柱子 2。然后，把盘子 2 从柱子 1 移动到柱子 3 上。最后，把盘子 1 从柱子 2 移动到柱子 3 上。接下来考虑第 1 根柱子包含 3 个盘子的情况。为了把盘子 3 从柱子 1 移动到柱子 3，前两个盘子必须先移动到柱子 2，然后，才能将盘子 3 从柱子 1 移动到柱子 3 上。然后再把前两个盘子从柱子 2 移动到柱子 3 上。而为了将前两个盘子从柱子 1 移到柱子 2，则必须将盘子 1 从柱子 1 移到柱子 3，然后将盘子 2 从柱子 1 移到柱子 2，再将盘子 1 从柱子 3 移到柱子 2，这样才完成了将前两个盘子从柱子 1 移动到柱子 2。同样，为将前两个盘子从柱子 2 移动到柱子 3 上，则先将盘子 1 从柱子 2 移到柱子 1 上，然后将盘子 2 从柱子 2 上移到柱子 3 上，再将盘子 1 从柱子 1 移到柱子 3 上。这样最后完成了 3 个盘子的移动。

推而广之，假设有 n 个盘子的情形。最初柱子 1 上有 n 个盘子。盘子 n 不可能直接从柱子 1 移动到柱子 3 上,除非上面的 n−1 个盘子放到柱子 2 上。所以,首先要把上面的 n−1 个盘子利用柱子 3 从柱子 1 移动到柱子 2;然后再把盘子 n 从柱子 1 移动到柱子 3;此时,前面的 n−1 个盘子都在柱子 2 上,因此需要利用柱子 1 将 n−1 个盘子从柱子 2 移到柱子 3 上。而为了将上面 n−1 个盘子从柱子 1 移到柱子 2,则又必须将其上面的 n−2 个盘子⋯⋯这是一个递归过程。

同理,将 n−1 个盘子从柱子 2 移到柱子 3 上,也是同样的递归过程。因此,解决问题的方法(算法)归纳如下:假设柱子 1 上有 n 个盘子,并且 n>=1。

①利用柱子 3 作为中间柱子,把前 n−1 个盘子从柱子 1 移动到柱子 2 上;

②把盘子 n 从柱子 1 移动到柱子 3;

③利用柱子 1 作为中间柱子,把前 n−1 个盘子从柱子 2 移动到柱子 3 上。

下面将该递归算法编写成 C++ 函数,同时给出了一个主函数用于读入盘子的个数,在程序中三个柱子分别命名为 A、B 和 C。

例 5−5 汉诺塔(Hanoi)问题。

```cpp
#include <iostream.h>
void move(int n,char x,char y)
{
    cout<<"把"<<n<<"号从"<<x<<"挪动到"<<y<<endl;
}
void Hanoi(int n,char x,char y,char z)
{
    if(n==1)
        move(1,x,z);
    else
    {
        Hanoi(n−1,x,z,y);
        move(n,x,z);
        Hanoi(n−1,y,x,z);
    }
}
int main()
{
    cout<<"以下是3层汉诺塔的解法:"<<endl;
    Hanoi(3,'A','B','C');
    cout<<"输出完毕!"<<endl;
    return 0;
}
```

在上面函数 Hanoi 中,参数的含义为:将 n 个盘子利用一中间柱子 y 从柱子 x 移到柱子 z 上。

程序的输出结果是:

以下是 3 层汉诺塔的解法:

把 1 号从 A 挪动到 C

把 2 号从 A 挪动到 B

课堂速记

把 1 号从 C 挪动到 B

把 3 号从 A 挪动到 C

把 1 号从 B 挪动到 A

把 2 号从 B 挪动到 C

把 1 号从 A 挪动到 C

输出完毕!

根据上面的分析过程,跟踪一下 n＝3 时程序的执行过程,以加深对递归函数的理解。

如果将 3 个盘子从柱子 1 移到柱子 3,则需要的移动次数是 2^3-1。类似地,如果将 64 个盘子从柱子 1 移到往子 3,则需要的移动次数是 $2^{64}-1$,假设僧侣每秒移动一个盘子并且从不休息,通过计算将全部 64 个盘子从柱子 1 移到柱子 3 所需要的时间粗略估计是 $5×1\ 011$ 年(5 000 亿年)。目前,地球正值壮年,年龄大约为 50 亿年。显然,不等盘子全部移完,世界末日就已到来。

假设计算机每秒可以完成 100 亿次移动,那么计算机完成 64 个盘子的移动需要的时间大约 50 年。显然,我们在做该程序的测试时,盘子的数目不应过大,否则将耗费大量计算时间。

使用递归需要注意以下几点:

(1)用递归编写代码往往较为简洁,但要牺牲一定的效率。因为系统处理递归函数时都是通过压栈/退栈的方式实现的。

(2)无论哪种递归调用,都必须有递归出口,即结束递归调用的条件。

(3)编写递归函数时需要进行递归分析,既要保证正确使用了递归语句,还要保证完成了相应的操作。

5.3 函数原型与头文件

5.3.1 函数原型

编译系统在处理函数调用时,必须从程序中获得完成函数调用所必需的接口信息,用以确认函数调用在语法及语义上的正确性,并判断是否有必要转换参数或返回值的数据类型,从而生成正确的函数调用代码。提供接口信息的任务一般由函数原型来担任。

函数原型的语法为:

＜返回类型＞＜函数名＞(＜形参列表＞);

(注意在函数原型后要有分号)

实际上函数原型说明有两种形式:

(1)直接使用函数定义的头部,并在后面加上一个分号(;)。

int max(int m,int n);

(2)在函数原型说明中省略参数列表中的形参变量名,仅给出函数名、函数类型、参数个数及次序。

如函数 max 的函数原型还可为:

int max(int,int);

可见,函数原型的格式就是在函数定义格式基础上去掉函数体。函数原型已经包含了足够的完成函数调用所必需的信息。函数调用的接口信息必须提前提供,因此函数原型必须位于对该函数的第一次调用处之前。

从格式上可以看出,函数原型所能提供的信息,函数定义也能提供。因此,如果函数定义放在函数调用之前,则函数定义本身就同时起到了函数原型的作用。在这种情况下,就不必另行给出函数原型。反之,如果函数定义放在函数调用之后,或位于别的程序文件中,则必须提前给出函数的原型。

例 5－6　设计要求同例 5－3,但函数的定义放在 main( )函数的后面。

```cpp
#include <iostream.h>
int max (int x ,int y);
void print ( int );
void main ( )
{
    int a,b,c,temp;
    cout<<"请输入三个整数:"<<endl;
    cin>>a>>b>>c;
        temp=max(a ,b);        //(1)调用有参函数,函数的返回值参与表达式运算
        temp=max(temp,c);       //(2)返回三个数种最大值
        print (temp);          //(3)调用无参函数
    }
int max (int x , int y)
{
    return (x>y? x:y);
}
void print (int x)
{
    cout<<   "三个数中最大的数为:"<<x<<endl;
}
```

这个程序(1)、(2)、(3)这三个地方是对函数的调用,而这些函数的定义位于函数调用的后面,因此必须在函数调用之前给出函数原型。这个程序执行的效果与例 5－3一样。

函数原型的格式中形式参数表可以不加上形式参数名,但格式中必须有形式参数的类型,在上例中 print( )函数的函数原型就省略了形式参数名。

函数定义和函数原型都是函数说明的不同形式,因此前面介绍的函数定义、函数原型与函数调用的关系可以用一句话来概括:函数必须先说明后使用。尽管函数定义涵盖函数原型,同样能提供函数调用所需的接口信息,但在典型的应用系统中,它们的分工被明确化了:提供接口信息的任务由函数原型专门担任。也就是说,无论函数定义是否已出现在调用处之前,都在程序的前部给出函数原型,其目的是便于函数的开发和调试。例如,假定一程序文件内容如下:

...

void a ( ) { ... }

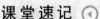

课堂速记

```
void b（ ）｛ … ｝
void c（ ）｛…b（）；…｝
…
```

其中，c()函数调用 b()函数，由于 b()函数在 c()函数之前定义，因此没有任何问题。假如在调试中发现 a()函数也需要调用 b()函数，则程序修改成下面的样子：

```
…
void a（ ）｛…b()；…｝
void b（ ）｛ … ｝
void c（ ）｛…b（ ）；…｝
…
```

这时候就会出现问题：由于 b()函数是在 a()函数之后定义，因此 a()函数缺乏调用 b()函数的接口信息。解决这个问题的方法有两个：一是把 b()函数的定义移到 a()函数的定义之前；二是在 a()函数定义之前给出 b()函数的函数原型。为了避免这些问题的出现，比较好的做法是在函数的首部给出所有函数的原型，如下所示：

```
…
void a()；       //函数原型
void b()；       //函数原型
void c()；       //函数原型
…
…
void a()｛ … ｝          //函数定义
void b()｛ … ｝          //函数定义
void c()｛ … ｝          //函数定义
…
```

这样，无论这些函数之间是什么样的调用关系，都不会出现问题。

5.3.2 头文件

系统提供标准函数都是以目标程序的形式提供的，它们的原型分门别类地保存在各自的头文件中，因此若程序中要调用这些函数，就应将含有该函数原型的头文件用♯include 命令包含（插入）到文件的首部。

一个实际的应用系统常包含很多函数，为了便于实现有一定规模的系统，通常把函数分散在多个程序文件中实现，而不像前面那些程序例子一样只用一个程序文件。采用多个程序文件，每个程序文件的规模就变小了，因而更容易调试，也便于多人分工合作。更重要的是，通过有明确分工的多个程序文件，可使函数的实现与函数的使用分离，是这些函数有可能在开发其他应用系统中再次得到应用，从而达到提高函数的通用性和可重用性的目的。

在如上所述的具有多个程序文件的应用系统中，函数的定义和函数的调用通常位于不同的程序文件中。为了便于提供函数调用所需的接口信息，程序文件中定义的函数的原型通常都记录、保存在头文件中，每个程序文件对应一个头文件。也就是说头文件并不仅仅是用来保存系统标准函数的原型，它也保存我们自己定义的函数的原型。下面是一个多程序文件应用系统的例子。

例5—7 设计一个函数 Area,它根据给出的圆的半径计算圆的面积,并设计相应的调试程序以验证函数 Area()的准确性。

```
//头文件   Area.h
double Area (double);           //①函数原型
# define PI 3.1415926
//②程序文件 Area.cpp
double Area(double r)           //③函数定义
{
    return r * r * PI；
}
    //④主程序文件 AreaMain.cpp
# include ＜iostream.h＞
void main()
{
    double radius,area；
    do
    {
    cout＜＜endl＜＜"请输入圆的半径(输入0结束):"；
    cin＞＞radius；
    if (radius＜0)
    {
        cout＜＜"错误:圆的半径不能为负数!"；
        continue；
    }
    area＝Area(radius)；      //⑤函数调用
    cout＜＜endl＜＜"当圆的半径为"＜＜radius＜＜"的时候,"
            ＜＜"圆的面积为"＜＜area＜＜endl；
    }
    while (radius!＝0)；
    cout＜＜"退出程序"＜＜endl；
}
```

整个程序分布在三个文件里,头文件 Area.h、程序文件 Area.cpp、主程序文件 Area-Main.cpp。在 Area.h 里的是 Area()函数的函数原型,Area.cpp 文件里是 Area()函数的定义,是头文件 Area.h 的实现。一般地说,定义函数的程序文件应当包含相应的头文件,因为头文件中可能还包含函数原型以外的其他信息,如符号常量的定义等。另外,一个程序文件中通常要定义多个函数,而这些函数之间可能存在着相互调用的关系,因此包含了头文件就不必顾及不同函数定义之间的先后关系。出于这些原因,Area.cpp 文件里使用了 #include"Area.h"命令引入了 Area.h 头文件。

AreaMain.cpp 给出了程序中主函数 main()的定义,因此称为"主程序文件"。这里的主函数 main()的作用是创造一个测试函数 Area()的环境,用来调用 Area()函数完成程序的功能。

该程序运行结果为:

请输入圆的半径(输入 0 结束):7↙

当圆的半径为 7 的时候,圆的面积为 153.938

请输入圆的半径(输入 0 结束):—2↙

错误:圆的半径不能为负数!

请输入圆的半径(输入 0 结束):0↙

退出程序

一个最简单的多文件应用系统就像例 5—5 那样由 3 个文件组成:描述函数原型的头文件、定义函数的程序文件和使用函数的主程序文件。建议读者今后也试着采用这种方式,来编写调试自己的程序,哪怕是一个简单的程序,目的是熟悉多文件应用系统的开发方式,培养作为程序设计者应有的良好习惯。

5.4 函数调用中的参数传递

5.4.1 值传递

在 C++中,形参与实参的结合方式有三种:值传递、指针传递和引用传递。本章只介绍值传递和引用传递,地址传递的方式将在以后章节中介绍。

所谓值传递,是指当一个函数被调用时,C++根据实参和形参的对应关系将实际参数值一一传递给形参,供函数执行使用。

值传递的特点是:在被调用函数的执行过程中,只能改变形参,不能改变实参。这就是说,在进行这种方式传递的时候,需要先求出实参表达式的值,并将该值传递给相应的形参,函数对形参的值作适当的处理,在函数体内部对形参的任何改变都不会改变实参的值。下面通过一个例子说明函数的值传递。

例 5—8 值传递应用:交换两数。

```cpp
#include <iostream.h>
void swap (int a ,int b)
{
    int t;
    cout<<"形参 a、b 的原值为:"<<a<<"\t"<<b<<endl;
    //交换 a,b
    t = a;
    a = b;
    b = t;
    cout <<"形参 a、b 经过交换后值为:"<<a<<"\t"<<b<<endl;
}
void main ( )
{
    int x, y;
    cout<<"请输入两个数字作为函数的实参:";
```

```
    cin>>x>>y;
    cout <<"实参 x、y 的原值为:"<<x<<"\t"<<y<<endl;
    swap( x , y );
    cout<<"实参 x、y 经过交换后为:"<<x<<"\t"<<y<<endl;
}
```

程序运行后运行结果如下:

请输入两个数字作为函数的实参:2 6↙

实参 x、y 的原值为:2 6

形参 a、b 的原值为:2 6

形参 a、b 经过交换后的值为:6 2

实参 x、y 经过交换后为:2 6

在这个程序中函数 swap() 的功能是交换参数的值。函数调用后,可以发现它只能实现交换形参 a、b 的值,而没有交换实参 x、y 的值。图 5-3 描述了这个交换过程。从图 5-3 中可以看出,形参 a、b 和实参 x、y 为不同的存储单元,在调用函数 swap() 时,将实参的值传递给形参,而在执行该函数时,只是对形参所占用的存储单元中的数据进行处理,而对实参占用的存储单元没有任何影响。

值传递的好处是使函数具有完全的独立性,函数的执行对其外界的变量没有影响。在值传递的情况下,函数只能通过 return 语句返回一个值或不返回任何值。要用函数实现两个参数的交换,值传递是无法实现的,可以用指针传递或引用传递的方法。在以后章节中将会详细介绍地址传递,实现真正的实参交换的功能。

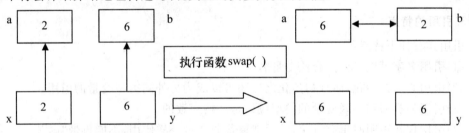

图 5-3

5.4.2 引用传递

1. 引用的概念

引用是一个已知变量的别名,对引用的运算就是对被它关联的变量的运算,也就是说,引用和它所关联的变量享受同等的访问待遇。

2. 建立引用的方法

为建立引用,先写上被关联变量的数据类型,后跟引用运算符"&",再是引用的名字。其一般格式如下:

类型 & 引用名＝已定义的变量名;

例如,以下定义一个变量和它的引用:

double d;

double &rd＝d;

这样,rd 是 double 型变量 d 的引用,也就是说,rd 关联了 d,以后 d 和 rd 均代表内存中同一存储空间的值。

例 5—9 分析以下程序的执行结果。

```cpp
#include <iostream.h>
void swap(int &,int &);
#include <iostream.h>
void main()
{
    int n=2;
    int &rn=n;
    cout<<"n="<<n<<",rn="<<rn<<endl;
    n++;
    cout<<"n="<<n<<",rn="<<rn<<endl;
    rn++;
    cout<<"n="<<n<<",rn="<<rn<<endl;
}
```

上述程序中,定义了一个整型变量 n 和它的引用 rn,这样 rn 作为 n 别名,两者同步改变。程序的执行结果如下:

n=2,rn=2

n=3,rn=3

n=4,rn=4

3. 引用的特点

引用具有如下特点:

(1)引用名字可以是任何合法变量名。

(2)引用必须初始化,而且初始化之后还可以成为另外同类型变量的引用。

(3)引用的类型和关联变量的类型应该是严格一致的。

(4)引用仅在声明时带有"&",以后就像普通变量一样使用,不能再带"&"。

(5)引用的目的在于可以用较清晰地方法编写改变其参数值的函数,以及接受结构体变量和对象作为参数的函数。

4. 引用作为函数参数

在前面介绍的按值传递参数时,将建立参数值的副本,并将其传递给被调用的函数,修改副本并不会影响调用者中原本变量的值(即实参的值)。为了将形参的值回传给实参,可以采用引用传递方式。

引用传递方式是将形参定义成对应实参的引用,即形参作为对应实参的别名,语法上只需在函数声明或定义中形参的数据类型后面加上符号"&"即可,其他语法与按值传递相同。

例 5—10 分析以下程序的执行结果。

```cpp
#include <iostream.h>
void fun(int b[],int n,int &max1,int &min1)
{
max1=min1=b[0];
```

```
for (int i=1;i<n;i++)
    {
    if (max1<b[i])
        max1=b[i];
    if(min1>b[i])
        min1=b[i];
    }
}
void main()
{
    int a[10]={2,5,2,9,0,8,6,1,7,4};
    int max,min;
    fun(a,10,max,min);
    cout<<"Max:"<<max<<endl;
    cout<<"Min:"<<min<<endl;
}
```

上述程序中,函数 fun 有两个引用型形参 max 和 min,用于将形参返回给实参。对于非引用型形参,在调用函数时,是要为形参分配存储空间的。也就是说,形参和对应的实参的存储空间是不同的。而在这里,由于采用引用传递,执行 main() 函数时,给实参 max 和 min 分配存储空间,在调用 fun() 函数时对应的形参 max1 和 min1 并不另外分配存储空间,而共享实参 max 和 min 的存储空间,所以 max1 和 min1 的值也就是 max 和 min 的值。程序的执行结果如下:

Max:9

Min:0

正是由于采用引用传递时,实参和对应的引用型形参共享存储空间,所以当函数调用时传递的数据较大时,为了避免内存开销,可以采用引用传递方式。

5. 引用返回值

所谓引用返回值是指一个函数声明为返回一个引用类型。引用作为返回值时,必须遵守以下规则:

(1)不能返回局部变量的引用。其原因是局部变量会在函数返回后被销毁,因此被返回的引用就成为了"无所指"的引用,程序会进入未知状态。

(2)不能返回函数内部 new 分配的内存的引用。虽然不存在局部变量的被动销毁问题,可对于这种情况(返回函数内部 new 分配内存的引用),又可能面临其他情况。例如,被函数返回的引用只是作为一个临时变量出现,而没有被赋予一个实际的变量,那么这个引用所指向的空间(由 new 分配)就无法释放,造成内存泄漏。

例 5-11 分析以下程序的执行结果。

```
#include <iostream.h>
int n=0;
int &fun(int m)        //返回引用
{
n+=m;
```

```
return n;
}
void main()
{
fun(10)+=20;
out<<"n="<<n<<endl;
}
```

上述程序中,由于 fun 函数返回的是引用,所以可以作为左值直接进行"+="运算。程序的执行结果如下:

n=30

并不是所有函数都可以返回引用。一般地,当返回值不是本函数的局部变量时可以返回一个引用,否则,当函数返回时该引用的变量就会被自动释放,所以对它的任何引用都将是非法的。在通常情况下,引用返回值只用在需要对函数的调用重新赋值的场合,也就是对函数的返回值重新赋值的时候。

6.常引用

使用 const 参数符可以声明引用,被声明的引用为常引用,不能通过常引用更新对象的值。其定义格式如下:

const 类型 & 引用名;

例如:

int m=10;

const int &n=m;

其中,n 是一个整型变量 m 的引用,可以更新 m 的值,但不能通过 n 更新 m 的值。例如:

m=12;   //正确

n=12;   //错误

在实际应用中,常引用往往用作函数的形参,这样该函数中不能更新该参数所引用的对象,从而保护实参不被修改。

例 5—12 分析以下程序的执行结果。

```
#include <iostream. h>
int add(const int &x,const int &y);        //常引用
void main()
{
int i=10,j=20;
cout<<i<<"+"<<j<<"="<<add(i,j)<<endl;
}
int add(const int &x,const int &y)
{
return x+y;
}
```

程序的执行结果如下:

10+20=30

由于 add()函数的两个参数都定义为常引用,所以在该函数中不能改变 x 和 y 的值,若更新它们的值,如除去该函数的加有注释的代码行,则编译时出现以下的错误提示:

error C2166:1－value specifies const object

常引用作参数,在函数中不能更新它所引用的对象,因此对应的实参不会被破坏。

5.5 函数和变量的作用域

5.5.1 函数的作用域

一般来说,函数的作用域是全局的,不但在定义它的文件中可以调用,而且在同一应用系统的其他程序文件中也可以调用。如果一个函数仅仅是为了提供给同一文件中的函数调用,则应将其说明为 static,以防止可能存在的名字冲突。这样的作用域称为文件作用域。例如,将函数 abs 定义为:

static int abs(int a) {return a < 0? - a : a ;}

这表示 abs 只允许被同一程序文件中的函数调用。在多人分工合作的情况下,这种对函数作用域的限制很有用:同一系统中的由不同人员设计的文件中,即使存在着同名函数,也互不干扰,因此设计人员可以放心地为函数取自己喜欢的名字。

5.5.2 变量的作用域

函数中总是要使用变量的,因此与函数有密切关系的一个问题就是变量的作用域及其生存期。依据变量作用域的不同,变量可分为全局变量和局部变量两大类。

1. 全局变量

定义于函数外部的变量称为"全局变量",通常用于记录应用系统的全局信息,是函数之间交换数据信息的媒介。全局变量具有静态生存期,即生存于应用程序的整个运行期间,因此是一种静态变量。一切静态变量,如果在定义它的时候未进行初始化,则自动地被初始化为 0。

如果定义全局变量时没有使用 static 修饰,则该变量具有跨文件作用域,即不但同一文件中的函数可以访问,同一系统的其他程序文件中的函数也可以访问。在后一种情况下,必须在访问该变量的程序文件中提前用 extern 对该变量进行说明,称为外部说明或 extern 说明,例如:

extern int x ;

这样的声明告诉编译系统,变量 x 是在另一个程序文件中定义的。

变量的外部说明(extern 说明)可以理解为"变量的原型",保留字 extern 的作用是把它与变量的定义区别开来。实际上函数原型的最前面也可以用 extern 修饰,只是函数原型中不包括函数体,即使没有 extern 修饰与函数定义也有明显的区别,因此函数原型的 extern 修饰可以省略。

如果定义全局变量时使用了 static 修饰,则该变量具有文件作用域,即只允许同一文件中的函数访问。

课堂速记

2.局部变量

定义于函数内部的变量称为"局部变量",其作用域为块作用域,即只允许定义该变量的块中的语句访问该变量。块定义域范围是从变量定义处开始,到块的结束处为止。这里所说的块只要是指复合语句。因此,定义于复合语句中的变量,不但其他函数不能访问,该复合语句以外的语句也不能访问。即便是同一复合语句中的语句,如果它位于变量定义处之前,也不能访问该变量,这就是"局部"的含义。

函数的函数体就是一个复合语句,因此一种典型的情况就是在函数体的开始处(同时是复合语句的开始处)定义变量,这样的变量,函数中的任何语句都可以访问。

可以用 auto、register 或 static 对局部变量进行存储类型修饰,如:

auto int pk;

int pk;   //默认的存储类型为 auto,因此等同于 auto int pk;

auto pk;   //默认的数据类型为 int,因此等同于 auto int pk;

register unsigned i;

static double d;

(1)auto 变量

用 auto 修饰的变量称为"自动变量"。如果变量未用 auto、register 或 static 中的任何一个保留字进行存储类型修饰,默认其为自动变量。也就是说,在定义自动变量时,保留字 auto 可以省略。可见,自动变量正是我们平时最经常使用的那种变量。自动变量具有自动生存期,即其生命期从变量被定义开始,到所在块运行结束时为止。自动变量所占用的内存空间是在程序运行过程中分配的,在运行到变量定义处时获得内存,而一旦退出所在块,所占用的内存空间即被释放。

(2)register 变量

用 register 修饰的变量是一种特殊的自动变量,称为"寄存器变量"。这种变量中的数据是存储在寄存器中的,在使用过程中不用访问内存,从而大大提高了变量的存取速度。但要注意,只有 int 类型等适合于单个寄存器存储的变量才适合定义为寄存器变量。在应用 register 变量的时候要注意:一个变量使用 register 修饰只是一种请求,编译系统在判断不可能时,仍会将其处理为一般的自动变量。这些不可能的情况包括:用 register 修饰的变量过多,无足够寄存器可分配;将 long double 型等不适合用单个寄存器存储的变量修饰为 register 等。

(3)static 变量

用 static 修饰的局部变量具有静态生存期,因此是一种静态变量。与全局变量一样,如果在定义它的时候未进行初始化,则自动地被初始化为 0。

当函数需要在本次调用与下一次调用之间交换数据信息时,就需要利用这种静态局部变量,请看下面的例子。

例 5—13 设计一个计数器函数 counter(),每调用一次,计数器增1,并返回计数器的值。

```
#include <iostream.h>
int counter()
{
    static int count=0;
    return ++count;
```

```
    }
    void main()
    {
        for(int i = 1；i<=10；i++)
        {
            cout << "第"<<i<<"次调用 counter 函数，counter 函数返回："<<
counter()<<endl;
        }
    }
```

程序的输出结果是：
第 1 次调用 counter 函数，counter 函数返回：1
第 2 次调用 counter 函数，counter 函数返回：2
第 3 次调用 counter 函数，counter 函数返回：3
第 4 次调用 counter 函数，counter 函数返回：4
第 5 次调用 counter 函数，counter 函数返回：5
第 6 次调用 counter 函数，counter 函数返回：6
第 7 次调用 counter 函数，counter 函数返回：7
第 8 次调用 counter 函数，counter 函数返回：8
第 9 次调用 counter 函数，counter 函数返回：9
第 10 次调用 counter 函数，counter 函数返回：10

5.5.3　生存周期

从上面变量存储类型的讨论可知，在 C++中变量有以下两种生存周期：

(1)变量由编译程序在编译时给其分配存储空间（称为"静态存储分配"），并在程序执行过程中始终存在，这类变量包括全局变量、外部静态变量和内部静态变量。这类变量的生存周期与程序的运行周期相同，当程序运行时，该变量的生存周期随即存在，程序运行结束，变量的生存周期随即终止。

(2)变量由程序在运行时自动给其分配存储空间（称为"自动存储分配"），这类变量为函数（或块）中定义的自动变量。它们在程序执行到该函数（或块）时被创建，在函数（或块）执行结束时释放所占用的空间。

上面介绍了变量的存储类型及其生存周期，下面例子将有助于理解变量的作用域。

例 5－14　变量作用域。

```
#include<iostream. h>
int i=0;                              //第1行
int main()
{
    int i=1;                          //第2行
    cout<<"i=",<<i;                   //第3行
    {                                 //第4行
        int i=2;                      //第5行
        cout<<"i=",<<i;               //第6行
```

```
    {                                    //第7行
        i+=1;                            //第8行
        cout<<"i=",<<i;                  //第9行
    }                                    //第10行
    cout<<"i=",<<i;                      //第11行
    }                                    //第12行
    cout<<"i=",<<i<<endl;                //第13行
    return 0;                            //第14行
}
```

上面程序的运行结果为：

i=1 i=2 i=3 i=3 i=1

为什么会出现这样的运行结果呢？在开始分析改程序之前，先来了解一下在 C++ 中有关名字作用域冲突的规定：在 C++中，当标识符的作用域发生重叠时，在一个函数（或块）中声明的标识符可以屏蔽函数（或块）外声明的标识符或全局标识符。

下面让我们来分析一下该程序：在函数外面定义的全局变量 i（第 1 行），它的作用域应为整个程序。在 main()函数开头处定义的局部变量 i（第 2 行），它的作用域为整个函数，即从第 2 行到第 14 行，根据上面标识符作用域冲突规定，在第 3 行的输出语句将输出定义在第 2 行变量 i 的值，即为 1。在第 5 行定义的局部变量 i，起作用域为所在块，即从第 5 行到第 11 行，同样根据标识符作用域冲突规定，在第 6 行的输出语句将输出定义在第 5 行变量 i 的值，即为 2；同时由于第 8 行所操作的变量 i 正处于定义在第 5 行变量 i 的作用域范围内，因此将其值加 1，得 i=3，所以在第 9 行的输出语句输出变量 i 的值为 3。同理，由于第 11 行所输出的变量 i 正处于定义在第 5 行变量 i 的作用域范围内，因此输出结果为 3（其值在第 8 行修改）。而在第 13 行的输出语句所输出的变量 i 处于定义在第 2 行变量 i 的作用域范围内，因此输出结果为 1（其值未被修改过）。

从上面例子可以看出，由于作用域的屏蔽效应.如果函数中有同名变量，则外部变量将不能访问。为了能在函数内部访问函数外定义的变量，在 C++中，新增了一个作用域运算符"::"，通过作用域运算符，在函数（块）中可以使用定义在函数外的全局变量，即使该函数（块）中已经有与之同名的变量。例如，在上面 main()函数中，可以通过"::i"来访问外部变量 i。此外，在下面章节中，作用域运算符还可以用来指定类成员变量或成员函数所属的类。

当程序较大时，利用名字屏蔽机制是非常必要的。但是，这也会导致程序的可读性变差。作为好的程序设计风格要求，应尽量避免名字屏蔽的情况。

5.6 内联函数

在一般函数定义前面加上关键字 inline，该函数即被说明为内联函数。例如：

inline int sub2(int n) {return n+2;}

对于内联函数，C++有可能直接用函数体代码来替代函数的调用，这一过程称为"函数体的内联展开"。内联展开不会影响函数及其参数的作用域。

对于一些只有几个语句的小函数来说，与函数的调用、返回有关的准备和收尾工作

的代码往往比函数体本身的代码要大得多。因此,对于这类简单的、使用频率的小函数,将之说明为内联函数可提高运行效率。

在应用 inline 关键字的时候要注意,在函数定义前加 inline,只是向C++编译系统提出内联展开的要求。如果内联函数中含有复杂的结构控制语句,如 switch 和 while 语句,或是函数体内语句的数目大于 5 行,编译系统将不会执行这种请求。

下面是一个使用内联函数的例子:

例 5－15 用内联函数计算立方体的体积。

```
#include <iostream. h>
inline float cube(float a)
{
    return a * a * a;
}
void main( )
{
    cout<<"输入立方体的边长:";
    float side;
    cin>>side;
    cout<<"边长为" << side <<"的立方体的体积为:"
    <<cube(side)<<endl;      //A
}
```

cube( )函数为内联函数,当编译器编译 A 行的时候,会将该函数的代码复制一份插入到函数调用的位置,在运行时直接运行这段代码。

5.7 函数的重载

人类的自然语言很有趣,比如"清洗车"、"清洗衣服"、"清洗家具",虽然都是清洗两个字,但清洗的方式是不一样的。如果说成"以清洗车的方式去洗一部车"、或者"以清洗衣服的方式去清洗这件衣服"或者"以清洗家具的方式去清洗家具",这样听众将会感到莫名其妙。这是因为人类的自然语言具有连贯性,即使漏掉部分信息,听众仍能够根据上下文来判断我们实际表达的意思,而无须我们为每个意义都提供独一无二的名称。

在C++中,也可以使用这种自然语言的便利性,即可以定义几个名称完全相同的函数,C++编译器要求在函数调用时能够唯一确定所调用的函数,否则会出现二义性错误。对函数重载也必须满足这一要求。其实C++编译器在进行函数调用时是根据函数名和函数的参数来决定调用哪一个函数的,因此,对于函数重载问题,要区分函数名相同的函数只能通过它们的参数进行区分。具体地说,要实现函数重载,它们的参数必须至少满足参数的个数不同和参数的类型不同这两个条件之一。

下面的例子说明了函数重载的特性。

例 5－16 利用函数重载机制实现整数和双精度型数据的绝对值函数。

```
# include < iostream. h >
```

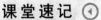

课堂速记

```cpp
int abs ( int x )
{
    cout<<"调用函数 abs(int)."<<endl;
    return x<0 ? - x : x ;
}
double abs (double x)
{
    cout <<"调用函数 abs(double)."<<endl ;
    return x<0 ? - x : x ;
}
void main ()
{
    cout <<"-20 的绝对值是:"<<abs ( -20 )<< endl ;
    cout <<"-20.02 的绝对值是:"<<abs ( -20.02 )<< endl ;
}
```

运行这个程序,输出结果为:

调用函数 abs(int).

-20 的绝对值是:20

调用函数 abs(double).

-20.02 的绝对值是:20.02

这个程序有两个相同名字的 abs()函数,main()函数里调用这两个函数,从输出结构可以看到,对整数 20 调用的是定义为 abs(int)的函数;同样对 abs(-20.02)的函数调用,则会根据它的函数名和参数类型确定调用定义为 abs(double)的函数。

下面的例子演示了通过参数的个数不同来重载函数。

例 5-17 max 函数重载的例子。

```cpp
#include < iostream. h >
int max(int a,int b);
int max(int a,int b,int c);
int max(int a,int b,int c,int d);
void main()
{
    cout <<max(3,5)<<endl;
    cout <<max(3,5,7)<<endl;
    cout <<max(3,5,7,9)<<endl;
}
int max(int a,int b)
{
    return a > b?    a : b;
}
int max(int a,int b,int c)
{
    int t=max(a,b);
```

```
      return max(t,c);
  }
  int max(int a,int b,int c,int d)
  {
      int t1＝max(a,b);
      int t2＝max(c,d);
      return max(t1,t2);
  }
```

函数名 max 对应三个不同的实现,它们的参数个数各不相同,在调用函数时编译器会根据实参的个数来确定调用哪一个函数版本。

仅仅是函数返回值不同并不能区分两个函数,因此不能根据函数的返回值来定义函数的重载。例如:

int abs(int a){…}

double abs(int a){…}

这两个函数的函数名、函数的参数个数和参数类型都相同,仅仅返回值不同,编译时将发生二义性错误。如果我们进行下面的调用:

abs(20);

编译程序无法确定调用哪一个函数。

 课后延伸

　　C++支持结构化的程序设计,结构化的程序就是由函数组成的,所以要把函数掌握好。本章内容和概念较多,有些内容有难度,需要多练、多体会和多思考,才能完全掌握。一定要把函数参数的传递过程搞清楚,这也有助于后面章节中对指针、引用及函数参数引用传递等概念的理解。

　　学完本章内容后,学生可以参阅其他 C++书籍中相关的内容,以巩固所学知识和拓展知识面。

　　王继民.C++程序设计与应用开发[M].北京:清华大学出版社,2008.

 闯关考验

一、选择题

1.下列叙述中正确的是(　　)。

A. C++程序必须要有 return 语句

B. C++程序中,要调用的函数必须在 main()函数中定义

C. C++程序中,只有 int 类型的函数可以未经声明而出现在调用之后

D. C++程序中,main()函数必须放在程序开始的部分

课堂速记

2.下列叙述中正确的是( )。

A．C++程序总是从第一个定义的函数开始执行

B．C++程序中,函数类型必须进行显式声明

C．C++程序中,return 语句必须放在函数的最后

D．C++程序中,return 语句中表达式的类型应该与函数的类型一致

3.在参数传递过程中,对形参和实参的要求是( )。

A.函数定义时,形参一直占用存储空间

B.实参可以是常量、变量或表达式

C.形参可以是常量、变量或表达式

D.形参和实参类型和个数都可以不同

4.一个 C++程序总是从( )开始执行。

A.主程序

B.子程序

C.主函数

D.第一个函数

5.已知函数 test 定义为:

void test()

{

....

}

则函数定义中 void 的含义是( )。

A.执行函数 test 后,函数没有返回值

B.执行函数 test 后,函数不再返回

C.执行函数 test 后,函数返回任意类型值

D.以上三个答案都是错误的

6.以下对于 C++的描述中,正确的是( )。

A.C++中调用函数时,值传递方式只能将实参的值传递给形参,形参的值不能传递给实参

B.C++中函数既可以嵌套定义,也可以递归调用

C.函数必须有返回值

D.C++程序中有调用关系的所有函数必须放在同一源程序文件中

7.C++中函数返回值的类型是由( )决定的。

A.return 语句中的表达式类型

B.调用该函数的主调函数类型

C.定义函数时所指定的函数类型

D.以上说法都不正确

8.在一个源文件中定义的全局变量的作用域为( )。

A.本程序的全部范围

B.本函数的全部范围

C.从定义该变量的位置开始到本文件结束

D.以上说法都不正确

9.以下说法错误的是( )。

A. 全局变量就是在函数外定义的变量,因此又叫做"外部变量"

B. 一个函数中既可以使用本函数中的局部变量,也可以使用全局变量

C. 局部变量的定义和全局变量的定义的含义不同

D. 如果在同一个源文件中,全局变量和局部变量同名,则在局部变量的作用范围内,全局变量通常不起作用

10. 下列哪个不是重载函数在调用时选择的依据( )。

A. 参数类型

B. 参数个数

C. 函数类型

D. 函数名

二、填空题

1. C++程序由_____构成,其至少包含_____,C++编写的程序总是从_____开始,到_____结束。

2. 在函数中使用_____语句返回值,其只能返回_____,但返回值可随_____的变化而变化。

3. 函数声明是对以后用到的函数的特征进行必要的_____,它是一个_____,它不要求_____。

4. 函数的形参在未被调用之前_____分配空间,函数的形参的_____要和实参的相同。

5. 函数调用一般分为_____和_____,前者的特点是_____,后者的特点是_____。

三、简答及编程题

1. 阅读下面的程序,回答问题:

```cpp
//file1.cpp
static int i = 20;
int x;
static int g(int p)
{
return i + p;
}
void f(int v)
{
x = g(v);
}
//file2.cpp
#include <iostream.h>
extern int x;
void f(int);
void main()
{
    int i = 5;
```

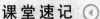

```
    f(i);
    cout << x;
}
```

回答以下问题:

(1) 程序的运行结果是什么样的?

(2) 为什么文件 file2.cpp 中要包含头文件 <iostream.h>?

(3) 在函数 main() 中是否可以直接调用函数 g(),为什么?

(4) 如果把文件 file1.cpp 中的两个函数定义的位置换一下,程序是否正确,为什么?

(5) 文件 file1.cpp 和 file2.cpp 中的变量 i 的作用域分别是怎样的? 在程序中直接标出两个变量各自的作用域

2.编写函数 int newint(double x),返回值是 x 的整数部分。例如:传送给函数参数 x 的值为 3.45 623,函数的返回值为 3。

3.编程实现:任意输入一个正整数 num,求 1! +2! +3! +…+num! 的和。

第 6 章

指　　针

目标规划

（一）知识目标

理解指针的基本概念；掌握指针的基本运算；掌握指针变量的定义与基本操作。

（二）技能目标

熟练掌握指针变量的定义与访问的基本操作；掌握指针运算的基本方法；掌握通过指针访问数组变量的操作方法；掌握通过指针访问字符串的操作方法。

课前热身随笔

本章穿针引线

指针
- 指针的概念和指针变量的定义 —— 指针的概念
  指针变量的定义和初始化
- 指针的基本操作 —— 指针的基本运算
  间接访问变量
- 指针与数组 —— 数组与指针的关系
  用指针访问数组
  指针和字符串
- 动态存储分配 —— 使用new获得动态内存空间
  使用delete释放动态内存空间
- 文件的读写 —— 文件的打开与关闭
  文件的格式化操作

课堂速记

　　一般说来,有两种方法访问变量:直接通过变量名访问或通过指针间接访问。以前我们介绍的程序中,对变量的访问大多是通过变量名访问的。变量也可以通过指针间接访问,即通过变量的指针而找到变量的值,这是我们下面将要学习的内容。

6.1 指针的概念和指针变量的定义

6.1.1 指针的概念

　　指针是一种数据类型,具有指针类型的变量称为"指针变量"。实际上,可以把指针变量(简称为"指针")看成一种特殊的变量,它用来存放某种类型变量的地址。一个指针存放了某个变量的地址值,就称这个指针指向了被存放地址的变量。简单地说,指针就是内存地址,它的值表示被存储的数据的所在的地址,而不是被存储的内容。

　　为了进一步说清楚指针的含义,需要明白数据在机器中是如何存储和访问的。我们知道,内存是按字节(8 位)排列的存储空间,每个字节有一个编号,称之为"内存地址",就像一个大楼里各个房间有一个编号一样。内存中存放的数据包括各种类型的数、地址,还有程序的指令代码等等。保存在内存中的变量一般占几个字节,我们称之为"内存单元",一个内存单元保存一个变量的值。不同的数据类型在机器内存中所占的内存单元的大小一般是不一样的。例如,整型数占两个字节,浮点数占 4 个字节等。但是,在同一个机器上,相同的数据类型占有相同大小的存储单元,而在不同的机器系统里,即使相同的数据类型所占的存储单元也可能是不一样的。例如,在 16 位机器上,一个整型数占两个字节;而在 32 位机器上,一个整型数占 4 个字节。

　　为了访问某个单元中的数据,就必须知道该单元在内存中的地址。这跟我们的实际生活很类似。比如说,当我们要找某一个人的时候,就必须知道他的当前地址,否则,就无法达到目的。假设有:

int n1＝0x1234;

char c1＝'A';

则变量占用内存单元的可能情况如表 6-1 所示,其中的数值都以十六进制表示。

表 6-1　变量 n1 和 c1 在内存中的存放情况

变量名	变量地址	各字节地址	存放的内容
n1	0012ac54	0012ac54	34
		0012ac55	12
		0012ac56	0
		0012ac57	0
c1	0012ac58	0012ac58	41

变量的地址是程序运行时由系统根据具体环境而定的,设计程序时不需要也不能事先确定变量的具体地址。

直接访问与间接访问的区别参见图6-1。为了表示将数值7送到变量的存储单元中,有两种方法:①直接将7送到变量i所占的单元中,参见图6-1;②将7送到变量i_pointer所"指向"的存储单元中,参见图6-2。

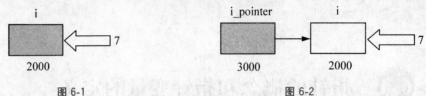

图6-1　　　　　　　　　　　图6-2

所谓"指向"就是通过地址来体现的。i_pointer中的值为2000,就是i的地址,这样就在i_pointer和i之间建立起一种联系,即通过i_pointer就能知道i的地址,从而找到变量i的内存单元。图6-1中以箭头→表示这种"指向"关系。

既然指针变量的值是一个地址,那么这个地址不仅可以是变量的地址,也可以是函数的地址。为什么要在一个指针变量中存放一个数组或一个函数的首地址呢?因为数组元素或函数代码都是连续存放的。通过访问指针变量取得了数组或函数存储单元的首地址,也就找到了该数组或函数。这样一来,凡是出现数组、函数的地方都可以用一个指针变量来操作。这样做,将会使程序的概念十分清楚,程序本身也精练、高效。

6.1.2　指针变量的定义和初始化

int * ptr;

上面的语句定义了一个指向整型数据的指针变量,该指针变量的变量名是ptr。该定义在内存中有如下含义:在内存中有一个存储单元ptr,它里面存放了另外一个整型数据所在内存的地址。如图6-3所示:

图6-3

下面都是指针定义的例子:

float * pf; //定义了一个指向float型变量的指针pf

char * pc; //定义了一个指向char型变量的指针pc

char (* pch)[10]; //定义了一个指向10个char元素组成的数组的指针pch

int (* pi)(); //定义了一个返回值为int型的函数的指针pi

double * * pd; / *定义了一个指向指针的指针pd,被指向的指针指向一个double型变量 * /

在定义指针变量时要注意两点:

(1)变量名前面的" * ",表示该变量为指针变量,但" * "不是变量名的一部分。

(2)一个指针变量只能指向同一个类型的变量。如前面定义的pf只能指向浮点变量,不能时而指向一个浮点变量,时而又指向一个字符变量。

在定义了一个指针后,系统会为指针分配内存单元。各种类型的指针被分配的内存单元上大小是相同的。因为每个指针都存放的是内存地址的值,因此所需要的存储空间当然相同。

下面通过实例说明指针的含义：

int n = 100；

nt ＊p ＝ &n；

这里首先定义了一个 int 型变量 n，并初始化为 100，然后定义了一个指针变量 p，它指向该 int 型变量。变量 n 的地址是通过取地址运算"&"得到的，并赋给指针变量 p。也就是说，&n 就表示 int 型变量 n 的地址，并把它作为 p 的初值。这样，p 就成了指向变量 n 的指针，如图 6-4 所示。我们假设变量 n 的地址是 1000，指针变量 p 的地址是 2000，n 的值为 100(已知)。由于语句"＊p＝&n；"是把变量 n 的地址赋给了指针 p，所以指针 p 的数据值为 1000(n 的地址)。

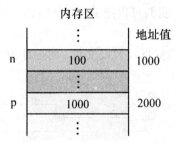

图 6-4

定义了一个指针之后，必须对它初始化之后才能使用，否则将可能会造成系统出错，这一点与其他变量类似。对指针初始化的时候，是要将内存中的一个合法地址赋给它。指针变量中只能存放地址(指针)，不能将一个整型量(或任何其他非地址类型的数据)赋给一个指针变量。

变量、数组元素、结构成员等变量的地址都是用运算符 & 取得的，如：

int a，b[5]；

变量 a 的地址可通过表达式 &a 得到，数组元素 b[5]的地址可通过表达式 &b[5]得到。数组名是的该数组所占内存空间的首地址。

与指针相关的运算符有 2 个：

1. 运算符 &

它是一个单目操作符，即只有一个操作数，它返回的是操作数的存储单元地址。

如：abc_addr＝&abc；

表示将变量 abc 的地址赋给变量 abc_addr。这里，abc_addr 必须是指针变量。

2. 运算符 ＊

它也是一个单目操作符，它返回的是操作数(指针变量)所指的地址的内容。

如：＊abc_addr 表示获取指针变量 abc_addr 所指的地址的内容。

设有指向整型变量的指针变量 p，如要把整型变量 d 的地址赋予 p 可以有下面两种方式：

(1) 指针变量初始化的方法

int d；

int ＊p ＝ &d；//定义时初始化

(2) 赋值语句的方法

int a；

int ＊p；

p = &a;

不允许把一个数赋予指针变量,例如:

int * p;

p=1000; //错误:不能将一个整型数赋给指针变量

被赋值的指针变量前不能再加"*"说明符,如写为"* p=&a;",也是错误的。

我们再看下面的例子:

int i=200,x;

int * ip;

定义了两个整型变量i、x及一个指向整型数的指针变量ip。i、x中可存放整数,而ip中只能存放整型变量的地址。我们可以把i的地址赋给ip:

ip=&i;

此时指针变量ip指向整型变量i,假设变量i的地址为1800,这个赋值可形象理解为图6-5所示的情形。

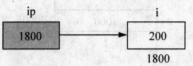

图 6-5

以后我们便可以通过指针变量ip间接访问变量i,例如:

x= * ip;

运算符 * 访问以 ip 为地址的存贮单元,而 ip 中存放的是变量 i 的地址。因此,* ip 访问的是地址为 1800 的存贮单元(因为存贮单元中存放的是整数,实际上是从 1800 开始的两个字节),它就是 i 所占用的存贮单元,所以上面的赋值表达式等价于:

x=i;

6.2 指针的基本操作

6.2.1 指针的基本运算

指针是一种特殊的变量,它所允许的运算有下面几种:赋值运算、算术运算和关系运算。

1. 指针的赋值运算

可以将一个变量的地址赋给一个指针,也可以将一个数组的首地址或一个函数的入口地址赋给指针,但所赋的地址值必须与指针的类型匹配。另外,相同类型的指针之间也可以相互赋值。例如:

int a, * p, * q;

p=&a;

q=p;

这样就使q与p指向的同一个变量a,即p和q都是指向变量a的指针。

另外,为了安全起见,可以将NULL(即0)赋给暂时不用的指针,使它不指向任何变

量,该指针称为"空指针"。

2. 指针的算术运算

由于指针存放的都是内存地址,所以指针的算术运算都是整数运算。

一个指针可以加上或减去一个整数值,包括加 1 和减 1。根据 C＋＋地址运算规则,一个指针变量加(减)一个整数并不是简单地将其地址量加(减)一个整数,而是根据其所指的数据类型的长度,计算出指针最后指向的位置。例如,p＋i 实际指向的地址是:

p＋i＊m

其中 m 是数据存储所需的字节数。一般情况下,字符型数据 m＝1,整型数据 m＝2,浮点型数据 m＝4。例如,下面的语句说明了一个 int 型指针变量 p 进行算术运算的情况:

int ＊p; //p＝3000

p＋＋; //p＝3002

p－－; //p＝2FFE

一个整数在内存中占两个字节的空间。p＋＋操作是使指针 p 指向下一个整型数据,同理可知,p－－操作是使指针 p 指向前一个整型数据。

此外,如果两个指针所指的数据类型相同,在某些情况下,这两个指针可以相减。例如,指向同一个数组的不同元素的两个指针可以相减,其差便是这两个指针之间相隔元素的个数。又比如,在一个字符串里面,让指向字符串尾的指针和指向字符串首的指针相减,就可以得到这个字符串的长度。

3. 指针的关系运算

在某些情况下,两个指针可以相比较,但要求这两个指针指向相同类型的数据。指针间的关系运算包括:＞、＞＝、＜、＜＝、＝＝、！＝。例如,比较两个指向相同数据类型的指针,如果它们相等,就说明它们指向同一个地址(即同一个数据)。

例如:if(p1＝＝p2) printf("two pointrs are equal. \n");

指向不同数据类型的指针之间进行关系运算是没有意义的。但是,一个指针可以和 NULL(0)作相等或不等的关系运算,用来判断该指针是否为空。

6.2.2　间接访问变量

通过指针访问它所指向的一个变量,是所谓间接访问。它比直接访问一个变量更费时间,而且不直观。这是因为,通过指针访问一个变量,取决于指针的值(即指向)。例如,"＊p2＝＊p1;"实际上就是"j＝i;",前者不仅速度慢,而且目的不明。但是,使用指针变量的优点也是明显的。由于指针是变量,我们可以通过改变它们的指向,间接访问不同的变量,给程序设计带来灵活性,也使得程序代码编写更为简洁和有效。

指针变量可出现在表达式中,例如:

int x,y,＊px＝＆x;

指针变量 px 指向整数 x,则＊px 可出现在 x 能出现的任何地方。例如:

y＝＊px＋5; //表示把 x 的内容加 5,并赋给 y

y＝＋＋＊px; //px 的内容加上 1 之后赋给 y,＋＋＊px 相当于＋＋(＊px)

y＝＊px＋＋; //相当于 y＝＊px; px＋＋;

通常情况下,C＋＋要求指针变量的数据类型和该指针所指向的数据类型一致。因此,在给指针变量赋值的时候一定要注意类型匹配,必要的时候可以使用类型强制转换。

例 6－1　应用指针运算符 ＆ 和 ＊。

```
#include <iostream.h>
void main( )
{
    int * n_addr,n,val;
    n=67;
    n_addr=&n;
    val= * n_addr;
    cout<<"n_addr="<<n_addr<<endl;
    cout<<"val="<<val;
}
```

运行上述程序后,得到的结果是:

    n_addr=0X0012FF78

    val=67

需要注意的是:在不同系统上运行本程序时,得到的内存地址会不相同。一个 NULL 指针,在 C++中表示不指向内存中任何数据。NULL 是 C++中几个头文件中定义的一个宏,它的值为 0,常常作为初始值赋给指针变量。

定义一个指针变量时,就给改变量初始化是一个好的编程习惯。下面对"&"和" * "运算符再做些说明:

(1) $*(\&n)=n$

"&"和" * "两个运算符的优先级别相同,但按自右向左方向结合,因此先进行 $\&n$ 的运算,再进行 * 运算,相互抵消,结果为 n。

(2) $\&(* pointer\_1)=\&a$

$*(pointer\_1)++$ 相当于 a++。注意圆括号是必要的,如果没有圆括号,就成为了 $* pointer\_1++$,这时先按 pointer_1 的原值进行 * 运算,得到 a 的值,然后使 pointer_1 的值改变,这样 pointer_1 便不再指向 a 了。

6.3　指针与数组

在 C++中,指针与数组是密不可分的。数组名本身就是指针(地址),是数组元素在内存中的首地址,数组元素可用下标访问,也可以用指针访问。指针本身也可以定义成数组,称之为"指针数组"。下面,我们将分别介绍。

6.3.1　数组与指针的关系

数组是具有相同类型的一组变量的有序集合,数组元素存放在一段连续的内存区域里,每个元素占用的内存单元大小相同,数组名就是数组所占存储区域的首地址,也就是指向该数组第一个元素的地址(指针)。

在 C++中,指针和数组是紧密相关的两种数据类型,它们计算地址的方法相同。数组的元素可以用下标表示,也可以用指针表示。假定一个指针变量指向数组,就能用该指针访问数组里的元素,用指针访问数组元素与用数组下标访问数组元素的效果是一样的。

下面的程序可以说明如何使用指针访问数组元素：

例 6-2　使用指针访问数组元素。

```
#include <iostream.h>
void main()
{
    int array[10];
    int * p=array;
    int i ;
    for(i=0;i<10;i++)
        array[i]=i;
    for(i=0;i<10;i++)
        cout<<* p++<<endl;
    p=&array[8];
    cout<<"array[8]="<<* p<<endl;
    cout<<"array[8]="<<array[8]<<endl;
}
```

这个程序首先声明了一个大小为 10 的整型数组 array 和一个整型指针 p，并且把数组的首地址赋给 p。接着，对各数组元素赋值，并用指针 p 输出该数组元素。 * p 实现了对 p 所指向的数组元素的访问，p++ 使 p 指向下一个数组元素，* p++ 就是访问下一个数组元素。最后，将 array[8] 的地址赋给 p，并输出了 array[8] 和 * p，它们的结果是一样的，都是对数组 array 第 9 个元素的访问。

数组元素也可以是指针类型，数组元素为指针的数组称之为"指针数组"。指针数组是一种很有用的数据结构，它使得数组元素可以指向不同的内存块，实现对不同大小的内存块的数据统一管理。指针数组的一般定义形式为：

类型标识符　* 指针数组[元素个数]；

编译时，根据数组的大小为指针数组分配相应的内存空间。例如：

int * iptr[10]；

定义了有 10 个指针元素的指针数组 iptr，每个指针元素指向一个整型变量。给数组元素赋值时，是为每个元素赋一个整型变量的地址，如图 6-6 所示。

在程序中可以通过修改指针数组下标的形式遍历数组中的所有元素，如例 6-3 所示，定义了一个含有 3 个变量的指针数组 p，通过控制循环变量 i 的变化来遍历指针数组中的各个元素从而达到遍历整型数组 a[3] 的目的。

例 6-3　通过指针遍历整型数组。

```
#include <iosteam.h>
void main( )
{
    int a [3]={1,3,5,7};
```

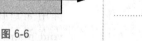

图 6-6

```
int *p[3],i;
p[0]=a[0];
for(i=0;i<3,i++)
    cout<<"a[i]="<< *p[i]<<endl;
}
```

6.3.2 用指针访问数组

前面已经提到过,C++中数组和指针是密切相关的。可以用指针访问数组的元素,这是因为数组名实际上就是指针,它指向数组的第一个元素。下面就这个问题,我们作进一步的说明。对于数组:

int ara[5] = {10,20,30,40,50};

在内存中是这样存储的如图 6-7 所示:

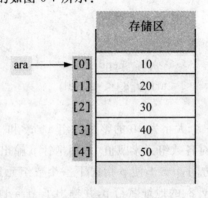

图 6-7

由于数组名是数组的首地址,它是一个常量,所以不能改变。但是,对数组名可以在表达式中参与算术运算,例如:ara 指向 ara[0],表达式 ara+1 指向 ara[1],…

指针可以像数组那样使用下标,这进一步表明了指针和数组的密切关系。例如,p 是一个数组的指针,p[k]则指向该数组的第 k+1 个元素,所以,p[k]与 *(p+k)是等价的。

此外,也可以用指针对多维数组进行访问。以二维数组为例:

int m[3][3];

可以看成是以 m[0]、m[1]、m[2] 为首地址的 3 个一维数组,每个一维数组具有三个整型元素。如果定义了下面的指针数组:

int *pm[0];

pm[0]=m[0];

pm[1]=m[1];

pm[2]=m[2];

那么,指针数组的三个元素(即三个指针)分别指向 3 个一维数组。这样,就可以通过这 3 个指针对二维数组进行访问。例如:m[2][0]= *(pm[2]);m[2][1]= *(pm[2]+1)。

根据以上叙述,引用一个数组元素可以用:

1. 下标法

即用 a[i]形式访问数组元素,在前面介绍数组时都是采用这种方法。

void main()   //用下标法访问数组中的元素

```
{
    int a[10],i;
    for(i=0;i<10;i++)
    a[i]=i;
    for(i=0;i<10;i++)
    cout<<"a[i]="<<a[i];
}
```

2. 指针法

即采用 *(a+i)或 *(p+i)形式,用间接访问的方法来访问数组元素,其中 a 是数组名,p 是指向数组的指针变量,其初值为 p=a。

```
void main()                //指针法(用指针变量指向元素)
{
    int a[10],i, * p;
    p=a;
    for(i=0;i<10;i++)
    *(p+i)=i;
    for(i=0;i<10;i++)
    cout<<"a[i]="<< *(p+i);
}
```

从本例中可以看到,指针变量的值加 1,其中的内存地址并非加 1 而是加 8。在指针变量 p 获得初始值后,始终指向的是数组的第一个元素,通过 p+1,p+2,…,依次指向下一个元素。我们也可以通过 p++使指针变量 p 依次指向下一个元素。两种方法的区别在于:前者未改变 p 的值,而后者改变了指针变量 p 的值。需要注意的是,当第二个 for 语句执行完后,指针变量 p 指向的是数组 a 的最后一个元素的下一个字节。请看下例,比较它们的不同。

```
void main()                //指针法(用指针变量指向元素)
{
    int a[10],i, * p;
    p=a;
    for(i=0;i<10;i++)
    *(p+i)=i;
    for(p=a;p<a+10;p++)
    cout<<"a[i]="<< * p;
}
```

因为多维数组在内存中也是按照一维顺序存放的,所以在访问的时候,也可以通过对指针作算术运算的方法对数组元素进行访问。

6.3.3 指针和字符串

我们可以通过指针变量方便地访问字符串中的每一个字符,以便进行各种处理。我们可以利用字符数组名或字符串的指针变量,把字符串看做一个整体进行输入/输出,注意在内存中,字符串的最后被自动加了一个'\0',因此在输出时能确定字符串的终止位

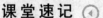

置,这也是在处理字符串时常用的循环控制终止条件。例如:

例6-4 将字符串中小写字母转换为大写字母。

```
void main() //用指针访问字符串中的元素
{
    char c[]="1a2b3c4d5e";
    char * p;
    for(p=c; * p! ='\0';p++)
    {
        if((* p>='a')&&(* p<='z'))
    * p= * p-32;
    }
        p=c;
        cout<<p<<endl;
}
```

输出结果:

1A2B3C4D5E

6.4 动态存储分配

到目前为止,程序中用于存储数据的变量和数组等实体在使用前都必须通过说明语句进行定义。C++编译器将根据这些说明语句了解它们所需存储空间的大小,并预先为其分配适当的内存空间。也就是说,这些变量或数组在内存中所占据的空间大小必须在编译时(即程序运行前)确定下来,这种内存分配方式称为"静态存储分配"。

但是在很多情况下,程序中所需的内存数量只有等到运行时刻才能确定下来。例如,需要在程序运行期间根据用户提供的输入信息决定分配存储空间的大小。这时就应使用"动态存储分配"方式申请获得指定大小的内存空间。当动态分配的内存空间闲置不用时同样有必要对其进行释放。动态存储分配功能在C++中是通过 new 和 delete 运算符来实现的。

6.4.1 使用 new 获得动态内存空间

运算符 new 用于申请动态存储空间,它的操作数为某种数据类型且可以带有初值表达式或元素个数。new 返回一个指向其操作数类型变量的指针。使用 new 对某种类型变量进行动态分配的语法格式为:

<指针>=new <类型>;

其中,<类型>表示要分配的变量类型(如 char,int,double 等);<指针>表示指向<类型>类型变量的指针(如 char * ,int * ,double * 等)。例如:

int * pi=new int;

动态分配了一个 int 型变量,并将此变量的地址赋值给 int 型指针 pi。此语句并不对动态分配的变量进行初始化,因此 pi 所指向的 int 型变量未被赋予初始值。如果需要在

分配变量的同时为其赋初值可以在类型之后加上初值表达式(放在圆括号内)。例如:

　　int * pi＝new int(256);

不仅动态地分配了一个 int 型变量,而且将其值初始化为 256。

运算符 new 还可以用来对数组进行动态分配,这时需要在数据类型后面添加方括号[],并在其中指明所要分配的数组元索个数。其语法格式如下:

　　＜指针＞＝new ＜类型＞[＜元素个数＞];

其中,＜类型＞表示数组元素的数据类型;＜指针＞表示指向＜类型＞类型元素的指针;＜元素个数＞是一个表达式,用于表示需要动态分配的数组元素个数。例如:

　　int ＊pia＝new int[10];

将从动态存储空间分配含有 10 个元素的 int 型数组,然后把该数组的首元素地址赋给指针 pia。此时 pia 指向内存中的一片连续存储空间,其中可以容纳 10 个 int 型元素。注意:new 运算符没有提供对动态分配的数组进行初始化的语法结构。

使用 new 动态分配的数组与一般定义语句声明的数组之间的最大区别是,前者的元素个数可以一个变量,而后者的元素个数必须是常量。这就意味着动态存储分配能够在程序运行时根据实际需要指定数组元素的个数。例如,下面代码段:

　　int n＝10;

　　int a[n];　　　　　　　　//错误:一般定义语句中数组大小必须为常量

　　int ＊p＝new int [n];　　//正确:动态分配的数组大小可以为变量

用于动态分配的内存空间又称为"堆内存"(heap)或"自由存储区"(free store),它通常由操作系统进行管理且数量是有限的,因此如果在程序中不断地分配堆内存就有可能将其耗尽。在这种情况下,系统无法再对 new 提出的堆内存分配请求给予满足,此时 new 会返回空指针 NULL,表示动态存储分配操作失败。建议读者在执行动态存储分配之后务必要检查一下 new 返回的指针是否为空。如果为空,则须采取必要的措施(如输出提示信息并退出程序),以免后续代码使用空指针而产生错误。例如:

　　　　int ＊pia＝new int[1024];

　　　　if(pia＝＝NULL)　　　　　　//堆内存耗尽,动态存储分配失败,退出程序

　　　　{

　　　　cout＜＜"Cannot allocate more memory,exit the program. \n";

　　　　exit(1);

　　　　}

6.4.2 使用 delete 释放动态内存空间

当动态分配的内存空间在程序中使用完毕之后,必须显式地将它们释放。这样做的目的是把闲置不用的堆内存归还给系统,使其可以被系统重新分配。在 C＋＋程序中由 new 分配的动态内存空间必须通过 delete 释放。使用 delete 对动态分配的单个变量进行释放的语法格式为:

　　delete ＜指针＞;

其中,＜指针＞表示指向单个变量的指针。

使用 delete 对动态分配的数组进行释放的语法格式为:

　　delete [ ]＜指针＞;

其中,＜指针＞表示指向数组首元素的指针。delete 之后的方括号指明将要释放的

课堂速记

内存空间中存储着数组元素。注意：上述指针必须是由 new 返回的指向动态内存空间的地址，而不能是普通变量或数组的地址，否则会产生十分严重的错误。也就是说，如果在程序中需要分配动态内存空间，则 new 和 delete 总是成对出现的。例如，下面语句段：

```cpp
int * pi= new int;              // L1:动态分配单个 int 型变量
int * pia = new int[10];        // L2:动态分配 int 型数组
    //…
    //使用动态分配的变量和数组
    //…
delete pi;                      // Lnl:释放 pi 指向的单个变量
delete [ ] pia;                 //Ln2:释放 pia 指向的数组
```

其中，L1 行与 Lnl 行相匹配，分别用于分配和释放一个 int 型变量；L2 行与 Ln2 行相匹配，分别用于分配和释放一个 int 型数组。

下面用一个完整的程序来演示 new 和 delete 的使用方法：

例 6-5 分析下面程序的输出结果。

```cpp
#include<iostream. h>
#include<cstdlilo>                //使用库函数 exit
int main()
{
  int arraySize;                  //数组元素个数
  int * array;                    //用于保存数组首元素地址
  cou<<"Please input the size of the array:";
  cin>>arraySize;
  array=new int[arraySize];       //动态分配数组
  if(arraySize==NULL)
  {
    out<<"Cannot allocate more memory,exit the program. \n";
    exit(1);
  }
  for(int i=0;i<arraySize;i++)
    array[i]=i*i;
  for(i=0;i< arraySize; i++)
    cout<<array[i]<<"   ";
    cout<<endl;
  delete [] array;                //释放动态分配的数组
  return 0;
}
```

程序运行结果为：

Please input the size of the array:10

0 4 9 16 25 36 49 64 81 100

6.5 文件的读写

变量和数组中保存的数据都是临时的,而文件用于永久保存大量数据。计算机把文件保存在二级存储设备中,如磁盘存储设备、光盘等。每一个文件都有自己唯一的名字。使用文件前必须首先打开文件,使用后必须关闭文件。

在C++中可以有两种方式对文件进行读写操作:一种方式是通过C++提供的一组文件操作函数,使用这些文件必须要包含头文件 stdio.h;另一种方式是通过建立C++中提供的"流"类的对象来对文件进行读写操作。本节讨论的是用第一种方式,即如何利用C++提供的读写函数来对文件中的数据进行读写的操作。

6.5.1 文件的打开与关闭

要想读写文件的内容,应该首先将文件打开,操作完成后再把文件关闭,因此在C++中利用文件操作函数读写文件的一般顺序为:

(1)声明文件类型(关键字为 FILE)的指针。

(2)利用文件读写函数获取要读写的文件的指针。

(3)打开要读写的文件。

(4)文件的读写操作。

(5)关闭文件。

文件指针声明的一般格式为:

FILE　　* 文件变量的名称;

其中 FILE 必须要全部大写,否则会出现编译错误。文件变量名的命名遵循标识符的命名规则。

文件指针变量声明完毕后,就要进行对文件指针的赋值。这个赋值的操作是通过文件操作函数 fopen()实现的。其一般格式如下:

文件指针 = fopen(filepath ,mode)

其中,filepath 是要打开的文件的路径;mode 是字符串,指定对文件的读取权限。表 6-2中列出了几种最常用的 mode 值。

表 6-2　常用的 mode 值

mode 的值	权　　限
r	以只读方式打开文件,如文件不存在则提示出错
w	以只写方式打开文件,如果文件已经存在,则删除文件中原来的数据,写入新的数据;否则创建该文件
a	把要加入的内容添加在文件尾部,如果文件不存在则出错

fopen 函数返回值位一个文件指针,如果返回值为 NULL ,表示文件打开失败;否则表示打开成功过,可以对该文件进行读写操作。对文件读写操作完毕后,应及时关闭文件,并删除文件指针。

关闭文件的操作用函数 fclose(p);其中变量 p 问要关闭的文件指针,是在文件打开时用 fopen 函数得到的指针。

6.5.2 文件的格式化操作

文件被成功打开后,就可以按打开时指定的权限进行读写操作。这里我们主要介绍两种用于格式化读写的函数 fprintf()和 fscanf(),前者用于向打开的文件中写入数据,后者用于从成功打开的文件中读取数据。fprintf()和 fscanf()函数的基本格式如下:

fprintf(文件指针,格式控制字符串,表达式);

其中文件指针指定要写度那个文件,即 fileopen 函数返回的指针。格式控制字符串由%加上格式字符组成,常见的格式如:%d、%f、%s、%c 分别表示要向文件中写入一个整数、实数、字符、字符串。表达式可以包含多个变量或标识符,其顺序和数目应和格式说明符严格对应。函数 fprintf()的返回值为实际写入文件的字节数,如果返回值为EOF,则表示写文件错误。

fscanf(文件指针,格式控制字符串,变量地址列表);

其中文件指针、格式控制字符串的含义与 fprintf 相同,变量地址列表与格式控制字符串的顺序也必须严格对应。

例 6—6 在 D 盘的根目录下的 a.txt 中存放着一批职工的工号,如图 6-8 所示,用 fprintf()函数将其读出并显示在屏幕上。代码如下:

```cpp
#include <iostream.h>
#include <stdio.h>
#include <process.h>
void main()
{
    int i;
    int f;
    FILE *fp;//定义一个文件指针变量
    fp=fopen("d:\\a.txt","r");//打开文件
    if(fp==NULL)
    {
    cout<<"打开文件失败!"<<endl;
    exit(1);
    }
    for(i=1;i<20;i++)
    {
    fscanf(fp,"%d",&f);//读取文件中的内容并放入变量 f 中
    cout<<"第"<<i<<"条记录是"<<f<<endl;/*将变量 f 的值依次显示在屏幕上*/
    }
    fclose(fp);
}
```

其运行结果如图 6-9 所示。

图 6-8   图 6-9

在例 6-6 中值得注意的是 fscanf() 函数的作用只是把文件的内容读出来并放入指定的变量中,它并不负责将其显示到屏幕上。要想将其显示在屏幕上必须使用 cout 语句。通过上面的例子我们知道 fscanf 会依次向下顺序读写文件中的记录,但是它不能识别是不是已经读到了文件的末尾。程序中循环执行了 19 次,而文件中只有 10 条记录,因此最后一条记录"1010"重复显示了 9 次。

那么如何判断已经读到了文件的尾部呢,C++中提供了函数 feof 用于判断是否读到了文件的末尾。其格式为:

feof(文件指针);

文件指针为从 fopen 函数得到的指针。如果已经读到了文件的末尾则函数的返回值为"1",否则返回值为"0"。

例 6-7 用 feof 函数改写例 6-6 使之正好读完 a.txt。

```
#include <iostream.h>
#include <stdio.h>
#include <process.h>
void main()
{
    int i;
    int f;
    FILE *fp;
    fp=fopen("d:\\a.txt","r");
    if(fp==NULL)
    {
    cout<<"打开文件失败!"<<endl;
    exit(1);
    }
        for(i=1;i<20;i++)
        {
```

```
if(feof(fp)==0)
{
fscanf(fp,"%d",&f);
        cout<<"第"<<i<<"条记录是"<<f<<endl;
}
else
break;
}
fclose(fp);
}
```

例 6—8 将记录从键盘上输入"1011"和"1012"添加到 a.txt 的尾部,当输入结束是按"0"键退出。并将输入后新的数据后的 a.txt 的内容显示出来。代码如下:

```
#include <iostream.h>
#include <stdio.h>
#include <process.h>
void main()
{
    int i;
    int f;
    FILE *fp;
    fp=fopen("d:\\a.txt","a");
    if(fp==NULL)
{
cout<<"打开文件失败!"<<endl;
exit(1);
}
cout<<"请输入数据:"<<endl;
while(1)
{
  cin>>i;
  if (i==0)
  {
    break;
  }
  else
  {
    fprintf(fp,"\n%d",i);
  }
}
fclose(fp);
fp=fopen("d:\\a.txt","r");
for(i=1;i<20;i++)
```

```
{
        if(feof(fp)==0)
    {
        fscanf(fp,"%d",&f);
    cout<<"第"<<i<<"条记录是"<<f<<endl;
    }
else
        break;
    }
        fclose(fp);
    }
```

在例6－8中将数据添加完毕后,应及时用 fclose 函数将文件关闭。而在读出更新的数据前应重新用 fopen 函数将文件打开。注意根据不同的要求选择不同的访问权限。

 课后延伸

指针和引用是C++的重要内容之一,也较难掌握。学完本章内容后,可以阅读相关内容的书籍,以巩固所学知识和拓展知识面。

1.教育部考试中心.全国计算机等级考试二级教程:C++程序设计[M].北京:高等教育出版社,2010.

2.陆虹.程序设计基础——逻辑编程及C++实现[M].北京:高等教育出版社,2005.

 闯关考验

一、选择题

1.若有以下定义,则说法错误的是(　　)。

　　　int a=100,*p=&a;

A.声明变量 p,其中 * 表示 p 是一个指针变量

B.变量 p 经初始化,获得变量 a 的地址

C.变量 p 只可以指向一个整形变量

D.变量 p 的值为100

2.若有以下定义,则赋值正确的是(　　)。

　　　int a ,b , *p;

　　　float c , *q;

A. p=&c;

B. q=p;

课堂速记

C. p＝NULL;

D. q＝new int;

3. 如果 x 是整型变量,则合法的形式是( )。

A. &(x+5)

B. ＊x

C. & ＊x

D. ＊&x

4. 执行以下程序段后,m 的值为 ( )。

```
int a[2][3]={{1,2,3},{4,5,6}};
int m, *p=&a[0][0];
m=(*p)*(*(p+2))*(*(p+4));
```

A. 15

B. 14

C. 13

D. 12

5. 假设"char ＊＊s;"以下正确的表达式是( )。

A. s＝"computer";

B. ＊s＝"computer";

C. ＊＊s＝"computer";

D. ＊s＝'c';

6. 下面程序的输出结果是( )。

```
#include <stdio. h>
void main( )
{
    int a[10]={1,2,3,4,5,6,7,8,9,10}, *p=a;
    cout<< *(p+2);
}
```

A. 3

B. 4

C. 1

D. 2

7. 若有以下定义和语句,且 0<i<10,则对数组元素地址的正确表示是( )。

```
int a[ ]={1,2,3,4,5,6,7,8,9,0}, *p,i;
p=a;
```

A. &(a+1)

B. a++

C. ＊p

D. &p[i]

8. 已知:int a[]={1,2,3,4,5,6},＊p＝a;下面表达式中其值为 5 的是( )。

A. p＋＝3;＊(p++);

B. p＋＝5;＊p++ ;

C. p＋＝4;＊++p;

D. p+=4;++*p;

9.若有以下语句,且 0<=k<6,则正确表示数组元素地址的语句是( )。

　　　int x[]={1,9,10,7,32,4},*ptr=x,k=1;

A. x++;

B. &ptr;

C. &ptr[k];

D. &(x+1);

10.若有说明:int i,j=7,*p;p=&i;则与 i=j 等价的语句是( )。

A. i=*p;

B. *p=*&j;

C. i=&j;

D. i=**p;

二、填空题

1.给出以下程序的输出结果是_____。

```
#include<iostream. h>
void main()
{
  int *v,b;
  v=&b;
  b=100;
  *v+=b;
  cout<<b<,endl;
}
```

2.已知:int i;char *s="a\045+045\'b";执行语句"for(i=0;*s++;i++);"之后,变量 i 的结果是_____。

3.给出以下程序运行的结果_____。

```
#include <iostream. h>
void main( )
{
int a[ ]={1,2,3,4,5};
int x, y, *p;
p=&a[0];
x=*(p+2);
y=*(p+4);
cout<< *p<<x<<y<<endl;
return;
}
```

4.给出以下程序运行的结果_____。

```
#include <iostream. h>
void main( )
{
```

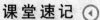

```
int a=10,b=0, * pa, * pb;
pa=&a; pb=&b;
cout<<a<<b<<endl;
cout<< * pa<< * pb<<endl;
a=20; b=30;
 * pa=a++; * pb=b++;
cout<<a<<b<<endl;
cout<< * pa<< * pb<<endl;
( * pa)++;
( * pb)++;
cout<<a<<b<<endl;
cout<< * pa<< * pb<<endl;
}
```

5.给出以下程序运行的结果_____。

```
#include <stdio. h>
void main( )
{
   int j,a[]={1,3,5,7,9,11,13,15}, * p=a+5;
   for(j=3;j>0;j--)
   {
   switch( j )
   {
       case 1:
       case 2:cout<< * p++;break;
       case 3:cout<< * --p;
       }
     }
}
```

三、简答和编程题

1. 判断执行下面的语句后,ab 的值变为多少?

```
int * var, ab;
ab=100;
var=&ab;
ab= * var+10;
```

2. 若有定义:double var;那么:

(1)使指针 p 可以指向 double 型变量的定义语句是什么?

(2)使指针 p 指向变量 var 的赋值语句是什么?

(3)通过指针 p 给变量 var 读入数据的 scanf 函数调用语句是什么?

3. 编程:从键盘输入一任意字符串,然后输入所要查找字符。若存在则返回它第一次在字符串中出现的位置;否则,输出"在字符串中查找不到!"。并实现对同一字符串,能连续输入所要查找的字符。

4.编程:从字符串中删除子字符串。从键盘输入一字符串,然后输入要删除的子字符串,最后输出删除子串后的新字符串。

5.编程:从键盘输入两个字符串,再通过指针把第二个字符串拼接到第一个字符串的尾部,最后通过指针显示拼接后的字符串。

▶ **课堂速记**

第 **7** 章

结　　构

目标规划

（一）知识目标

掌握结构数据类型的定义和使用方法；理解结构的基本概念；掌握结构和结构数组的使用及访问分量的方法。

（二）技能目标

熟练掌握结构的定义与访问结构变量成员的基本操作技能；掌握结构数组的定义与访问数组元素的操作方法。

课前热身随笔

本章穿针引线

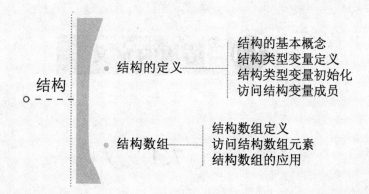

结构

结构的定义
- 结构的基本概念
- 结构类型变量定义
- 结构类型变量初始化
- 访问结构变量成员

结构数组
- 结构数组定义
- 访问结构数组元素
- 结构数组的应用

课堂速记

前面的章节,我们所使用的数据(整型、字符、浮点型)都是C++预先定义的基本数据类型,这些数据类型的存储方法和运算规则是由语言本身规定,它们与机器硬件有着更直接的关系。但仅用这些基本数据类型还难以描述现实世界中各种各样的客观对象之间的关系。

在处理实际问题时,经常会遇到复杂的数据。例如,在学生登记表中,姓名应为字符型;学号可为整型或字符型;年龄应为整型;性别应为字符型;成绩可为整型或实型。由于数组要求元素必须为相同类型,显然不能用一个数组来存放这一组数据,因为数组中各元素的类型和长度都必须一致。组成每个学生登记表的各项数据类型虽然不同,但它们同属于一个学生,是一个整体,相互之间存在一定的关系。为了能把这些有逻辑联系的一组多种数据类型的数据组成一个数据整体,C++提供了复杂的数据类型:结构。

7.1 结构的定义

7.1

7.1.1 结构的基本概念

结构是有一系列具有相同类型或不同类型的数据构成的数据集合。在一个结构中,这些数据应是在逻辑上相互关联的。例如,程序中要处理下列两组数据:

职工 A:张明,2700.5,1965
职工 B:王霖,2520.5,1967

这两组数据描述了两个职工的有关信息:姓名、工资和出生年份。组成每组数据的每个数据如果单独考虑,都不具有任何意义。例如,2 700.5 仅表示一个数值,但它在第一组数据中用于表示职工 A 的工资。如果对上面两组数据进行分析,发现它们的共性在于,它们都是由姓名(name)、工资(salary)和出生年份(year)构成的,因此我们可以使用结构描述它们的共性。

```
struct  worker
{
    char   name[20];
    float  salary;
    int    year;
};
```

可见,结构提供了一种将相关数据汇集在一起的方法,它使程序可以方便地处理像职工记录这样复杂的数据。

在程序设计过程中,使用结构之前必须先对结构的组成进行描述,这就是结构类型的定义。结构类型的定义描述了组成结构体的成员及每个成员的数据类型。

定义结构类型的一般形式为:

```
struct  结构类型名
{
    数据类型  成员名1;
    数据类型  成员名2;
    ……
    数据类型  成员名n;
};
```

其中 struct 是定义结构类型的关键字,不能省略。结构类型名的命名必须符合标识符的命名规则,成员的类型可以是 int、float、char、数组等,还可以使用其他结构。

整个结构类型的定义作为一个完整的语句,用一对花括号括起来,花括号之后的分号不能省略。例如:

```
struct  student
{
    int  num;
    char  name[20];
    float  score;
};
```

该语句定义了一个名为 student 的结构类型,包括三个成员。第一个成员是整型变量 num,用于保存学生的学号;第二个成员是字符型数组 name[20],用于保存学生姓名字符串;第三个成员是浮点型变量,用于保存学生的成绩。

应该明确,struct student 结构经定义后也是一种数据类型。从这点上说,它与基本数据类型的地位是等同的;但它又是一种特殊的数据类型,它可以是根据设计需要由用户将一组不同类型而又逻辑相关的数据组合而成的一种新类型。

7.1.2 结构类型变量定义

结构类型的定义说明了该结构类型的组成。如果需要使用某种结构类型,就必须定义该结构类型的变量,一般结构类型变量简称为"结构变量"。

结构变量的定义可以采用以下两种方法:

(1)直接定义,即定义结构类型的同时定义结构变量。例如:

```
struct  student
{
    int  num;
    char  name[20];
    float  score;
}st1,st2,st3;
```

上述程序在定义 student 结构类型的同时,还定义了 st1、st2、st3 这 3 个 student 型的结构体变量。

(2)间接定义,即在已经定义过结构类型的基础上,定义该类型的结构变量。例如:

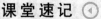

课堂速记

```
struct    student
{
    int    num;
    char    name[20];
    float    score;
};
struct    student    stu1,stu2,stu3;
```

即先定义了 struct   student 结构类型,其后定义了 st1、st2、st3 这 3 个 student 型的结构体变量。注意,在 C++中定义结构变量时,关键字 struct 可以省略,因此也可以写成:

```
student    stu1,stu2,stu3;
```

在使用结构体变量时,应注意以下几点:

(1)结构类型与结构变量是两个不同的概念,注意不要混淆。

结构类型是一种数据类型,它规定了该类数据的性质和占用内存空间的大小。而结构变量定义后将按照结构类型定义时的成员分配实际的内存单元,结构变量所占内存空间的大小为结构体中每个成员所占内存的长度之和,其中每个成员按照结构中被说明的顺序分配存储空间。在编译时,对类型是不分配空间的,只对变量分配空间。

(2)C++允许在一个结构中嵌套另一个结构。这就是说,结构类型中的成员可以是另外一个已定义的结构类型。例如:

```
struct    address_info
{
    int    post;
    char    addr[30];
    char    tel[11];
};
struct    student
{
    long    atu_num;
    char    stu_name[20];
    char    sex;
    float    score;
    struct    address_info    stu_addr;
};
```

此例中,首先定义了结构类型 address_info,它代表"学生地址",包括 3 个成员,然后,就可以在 struct   student 结构的定义中像使用基本数据类型一样使用 address_info 结构类型来定义成员 stu_addr。

(3)成员名与程序中的变量可以重名,但不能与结构类型名重名。结构变量名可以与结构类型名重名。

7.1.3　结构类型变量初始化

结构变量的初始化是指在定义结构变量的同时给每个成员赋值。

结构变量初始化的一般语法格式为:

struct 结构类型名 结构变量名＝{初始数据};

其中,初始数据的个数、顺序、类型均应与定义结构时成员的个数、顺序、类型保持一致。例如:

```
struct    student
{
    long    int    num;          //学号
    char    name[20];          //姓名
    char    sex;               //性别
}stu1={2009,"li ming",'m'};
```

说明:

(1)结构变量初始化时,不能在结构内直接赋初值。下列语句是错误的:

```
struct    student
{
    long    int    num=2009;
    char    name[20]="li ming";
    char    sex='m';
}stu1;                //错误
```

(2)对含有嵌套结构的结构变量初始化时,可以采用下面的方法。

```
struct    worktime
{
    int    year;
    int    month;
    int    day;
};
struct    workers
{
int    num;
char    name[20];
char    sex;
struct    worktime    wt;
};
struct    workers    worker1={1001,"wangxiaoli",'f',{1985,8,15}};
struct    workers    worker2={1002,"chenghang",'m',{1987,1,7}};
```

7.1.4 访问结构变量成员

定义了结构变量以后,就可以访问该变量。C++中提供了成员运算符"."来访问结构类型变量的成员。访问成员的一般语法形式为:

结构变量名.成员名

其中,成员运算符的优先级与括号一样,是最高的。

说明:

(1)可以对结构变量中的成员赋值。例如:

stu1.num=100;   //将1001赋值给结构变量stu1中的整型成员num

(2)成员的类型是在定义结构时规定的,在程序中访问成员时必须与定义时的类型保持一致。结构变量的成员可以像普通变量一样进行各种运算。例如:

sum=stu1.score+stu2.score; //对两个成员进行求和运算

stu1.num++; //对 stu1.num 成员值进行自增运算

cout<<stu1.num; //输出结构变量 stu1 的成员 num 的值

(3)如果成员本身是结构类型,可以采用由外向内逐层的"."操作,直到所访问的成员。只能对最低级的成员进行运算,例如,对上面定义的 struct workers 类型的结构变量 worker1,可以这样访问各成员,

worker1.num=1001;

worker1.worktime.day=15;

(4)在某些情况下,允许对结构变量进行整体操作。也就是说,可以把一个结构变量中保存的数据,赋给同类型的另一个结构变量。

例 7-1 编写程序,将一个结构变量中成员赋值给另一个类型相同的结构变量。

```cpp
#include <iostream.h>
void main()
{
    struct worktime
    {
        int year;
        int month;
        int day;
    };
struct workers
{
int num;
char name[20];
char sex;
struct worktime wt;
};
struct workers worker1={1001,"wangxiaoli",'f',{1985,8,15}}; /* 对 worker1 进行初始化 */
struct workers worker2; //定义结构变量 worker2
worker2=worker1; //结构变量之间的赋值
cout<<worker2.num<<"\t"<<worker2.name<<"\t"<<worker2.sex<<"\t"<<worker2.wt.year<<"/"<<worker2.wt.month<<"/"<<worker2.wt.day<<endl;
}
```

程序运行结果为:

1001   wangxiaoli   f   1985/8/15

该程序中通过整体访问结构变量,可以实现两个结构变量之间的赋值,此时结构变量 worker1 中的成员的值分别赋给了结构变量 worker2 中相应的成员。

7.2 结构数组

既然结构是一种数据类型,那么它和 int、float、char 等这些基本类型一样,也可以组合成为数组,这样的数组称为"结构数组"。它与以前介绍过的数值型数组的不同之处是,结构数组的每个元素是一个结构类型的变量。

7.2.1 结构数组定义

与定义结构变量类似,结构数组可以采用直接定义和间接定义两种定义方式。例如:

```
struct   student
{
    int    num;
    char   name[20];
    float    score;
}stu1[2];
struct   student   stu2[2];
```

上例中定义了两个 student 类型的结构数组。其中,结构数组 stu1 采用直接定义方式,结构数组 stu2 采用间接定义方式。

结构数组 stu1 和 stu2 各包含了两个元素:stu1[0]、stu1[1]和 stu2[0]、stu2[1]。每个元素都是 student 类型,都包含了 num、name、score 这 3 个成员。结构数组名仍代表数组在内存中存储单元的首地址,数组各元素在内存中按存储规则连续存放。

7.2.2 访问结构数组元素

在结构数组中,当需要访问结构数组元素中的某一成员时,可采用与结构体变量中访问成员相同的方法,利用"."成员运算符操作。

访问结构数组中某一元素中的成员一般语法形式为:

数组名[下标].成员名

例如,要访问结构数组 stu1 中第 1 个元素(stu1[0])的成员 num,可以表示为:

stu1[0].num

7.2.3 结构数组的应用

下面通过一个简单的例子说明结构数组的定义和访问。

例 7—2 有 30 名学生参加数学 MT、英语 EN、计算机 COMPU 考试,计算每个学生 3 门课程的总分 SUM,平均分 AVER。若这 3 门课程的成绩均在 90 分以上者,输出 Y;否则输出 N,并打印学生成绩单,格式为:

NUM	NAME	MT	EN	COMPT	SUM	AVER	>=90
1	haoli	90	92	95	277	92.3333	Y
6	yanglan	85	95	81	261	87	N

为简化运算,我们只计算前两个学生的成绩。

课堂速记

程序如下。

```cpp
#include <iostream.h>
struct student
{
    int num;
    char name[10];
    float mt,en,compu;
    float sum;
    float aver;
    char ch;
};
void main()
{
    student stu[30];
    int i=0;
    while(i<2)
    {
    cin>>stu[i].num>>stu[i].name>>stu[i].mt>>stu[i].en>>stu[i].compu;
    stu[i].sum=stu[i].mt+stu[i].en+stu[i].compu;
    stu[i].aver=stu[i].sum/3.0;
    stu[i].ch='Y';
    if(stu[i].mt<90||stu[i].en<90||stu[i].compu<90)
     stu[i].ch='N';
    i++;
    }
    cout<<"NUM"<<"\t" <<"NAME"<<"\t" <<"MT"<<"\t" <<"EN"
<<"\t" <<"COMPU";cout<<"\t" <<"SUM"<<"\t"<<"AVER"<<"\t"<
<">=90"<<"\t";
    for(i=0;i<2;i++)
    cout<<stu[i].num<<"\t"<<stu[i].name<<"\t"<<stu[i].mt<<"\t"<
<stu[i].en<<"\t" ;
    cout<<stu[i].compu<<"\t"<<stu[i].sum<<"\t"<<stu[i].aver<<"\t"
<<stu[i].ch<<endl;
    }
```

程序运行时输入数据：

1   haoli   90 92 95✓
6   yanglan 85 95 81✓

运行结果为：

NUM	NAME	MT	EN	COMPT	SUM	AVER	>=90
1	haoli	90	92	95	277	92.3333	Y
6	yanglan	85	95	81	261	87	N

课后延伸

　　结构是自定义数据类型中的一种,它可将多种数据类型组合在一起使用,方便了程序对一些复杂数据的处理。在程序中,定义结构变量以前,必须先进行结构类型的定义。为了更好地理解结构的定义,同学们可以尝试自己开发一个学生成绩管理系统,其中学生的定义就可以使用结构类型。学完本章内容后,可以阅读相关内容的书籍,以巩固所学知识和拓展知识面。

　　1. 教育部考试中心.全国计算机等级考试二级教程:C＋＋程序设计[M].北京:高等教育出版社,2010.

　　2. 王继民.C＋＋程序设计与应用开发[M].北京:清华大学出版社,2008.

闯关考验

一、选择题

1. 下列关于结构体的说法错误的是(　　　)。

A. 结构体是由用户自定义的一种数据类型

B. 结构体中可设定若干个不同数据类型的成员

C. 结构体中成员的数据类型可以是另一个已定义的结构体

D. 在定义结构体时,可以为成员设置默认值

2. 下列结构体定义,正确的是(　　　)。

A.
```
record {
int no;
char num[16];
float score ;
};
```

B.
```
struct   record   {
int no;
 char num[16];
 float score ;
}
```

C.
```
struct   record {
int no;
char num[16];
float score ;
};
```

D.
```
struct   record {
int no
 char num[16]
 float score
}
```

3. 若有以下定义,则对结构体变量初始化正确的是(　　　)。
```
struct AA{
int a;
```

char b;}

A. AA s[2]={10,"a";20,"b"}

B. AA s[2]={{10,"a"},{20,"b"}}

C. AA s[2]={{10,a},{20,b}}

D. AA s[2]={{10,"a"}{20,"b"}}

4.设有以下说明,则正确的赋值表达式为(   )。

struct x

{

　int no;

　char name[20];

　float score;

} y;

A. y.no=10;

B. y->no=10;

C. x.no=10;

D. x->n0=10;

5.在定义一个结构体变量时,系统为其分配存储空间的原则是(   )。

A. 按所有成员需要的存储空间总和分配

B. 按成员中占存储空间最大者分配

C. 按成员占存储空间最小者分配

D. 按第一个成员所需的存储空间分配

6.若有如下结构定义,则下面结构变量定义正确的是(   )。

　struct　DATA

　{

　int x;

　float y;

　};

A. DATA　data;

B. data　DATA;

C. DATA　data[0];

D. data　DATA[10];

7.若有如下结构变量 s 的定义,则下面说法正确的是(   )。

　　struct　DATA

　　{

　int x;

　float y;

　}s;

A. struct 是用户定义的结构类型的关键字

B. DATA 是用户定义的结构类型的类型名

C. s 是用户定义的结构类型变量名

D. x 和 y 均是用户定义的结构类型的成员名

8.若有如下变量 st 的定义,则下面正确访问变量 st 成员的方法有(   )。

162

```
struct   student
{
    char   id[10];
    struct   BIRTH
        {
        int   year;
        int   month;
        int   day;
        }birth;
}st[5];
```

A. st[1]. month

B. st[1]. birth. day

C. st[0]. id

D. st[0]. birth

9. struct person

{char name[20];

int age

char sex

}a={"liling,20,m"}, * p=&a;

则对字符串 li ming 的引用方式可以是(   )(多项选择题)

A. (* p). name

B. p. name

C. a. name

D. p→name

10. 若有以下定义,则值"read"的表达式是(   )。

struct   BB

{

int a;

char b[5];

}

viod main()

{   ……

    BB   s[2]={10,"read",20,"write"};

        ……

}

A. s. b

B. s[0]. b

C. s[1]. b

D. s[2]. b

二、填空题

1.给出以下程序的输出结果是_____。

课堂速记

```
#include<iostream. h>
void main(){
  struct data
  {
  int  i;
char ch;
  }d;
d. i=65;
d. ch=char(d. i);
cout<<d. i<<","<<d. ch<<endl;
{
```

2.有以下说明和定义语句,请给结构变量 w 赋初值,使 w. a 的值为 7,w. b 指向数组 a 的首地址。

```
double a[5];
struct exp{int a;double * b;}w={_____,_____};
```

3.给出以下程序运行的结果_____。

```
#include<costream. h>
void main()
{
struct DATA
  {
  int x;
  int y;
  int z;
  }data={3,5,0};
data. z=data. x * data. y;
cout<<data. x<<data. y<<data. z<<endl;
```

4.给出以下程序运行的结果_____。

```
#include<iostream. h>
void mian()
{
struct cmplx
  {
  int x;
  int y;
  }cnum[z]={1,3,2,7};
cout<<cnum[0]. y * cnum[1]. x<<endl;
```

5.若有如下变量 t 的声明,则结构数组 t 占用_____个字节的内存空间。

```
struct ST
{
char id[0];
char name[0];
```

164

```
int age;
chat sex;
float score;
}t[20];
```

三、简答和编程题

1.用结构体类型编写一个程序,实现输入一个学生的数学成绩和英语成绩,然后计算并输出其平均成绩。

2.定义一个复数结构,并求两个复数的和与积。

3.编程:保存三位学生的英语、语文和数学成绩,计算三位学生的英语、语文和数学的平均成绩并输出。

学号	英语	数学	语文
01	80	72	86
02	90	86	72
03	63	74	60

4.编程:成绩表见3题表。保存三位学生的英语、语文和数学成绩,统计语文成绩在70分以上的学生数量并输出这些学生的学号及语文成绩。

5.编程:成绩表见3题表。保存三位学生的英语、语文和数学成绩,按总成绩由高到低显示。

第8章 类与对象

目标规划

(一)知识目标

掌握类的概念、类类型的定义格式、类与结构的关系；掌握类的成员属性、类的封装性、构造函数和析构函数的作用、this 指针的含义、类对象的定义以及友元函数与友元类的作用。

(二)技能目标

掌握类的定义和使用、对象的声明方法；掌握对不同访问属性的成员的访问方式；观察构造函数和析构函数的执行过程。

课前热身随笔

本章穿针引线

类与对象

- 类
  - 类和对象的概念
  - 类与数据类型
  - 类与结构
  - 类的定义
  - 类成员的访问控制
  - this指针

- 构造函数和析构函数
  - 构造函数
  - 析构函数
  - 复制构造函数
  - 缺省构造函数
  - 对象生存期

- 友元函数和友元类

- 静态成员

- 常成员
  - 常对象
  - 常数据成员

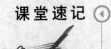

C++是当今应用最广泛的程序设计语言,它与C语言兼容,既支持面向过程的结构化程序设计,也支持面向对象的程序设计方法。在前面的章节中,我们编写的程序是由一个个函数组成的,可以说是结构化的程序。从本章开始,我们在程序设计中将引入类和对象的概念,也就是说,将要学习用C++进行面向对象的程序设计。

8.1 类

在面向过程的结构化程序设计中,程序是由函数作为模块组成的;在面向对象程序设计中,程序是由类的实例对象组成的。函数将逻辑上相关的语句和数据封装在一起,用于完成特定的功能;而类则是对逻辑上相关的函数和数据的封装,它是所要处理的问题的抽象描述。类的集成程度更高,更适合开发大型的程序。

从程序员的角度看,类是一种由用户定义的复杂数据类型,它是将不同类型的数据和与这些数据相关的操作封装在一起的集合体。我们前面学习的结构中,只有数据成员。而在类这个复杂的数据类型中除可以定义数据成员外,还可以定义对这些数据成员(或对象)操作的函数,也正是这些函数限制了对对象的操作,即不能对对象进行这些操作函数之外的其他操作。类的成员也有不同的访问权限。C++里"类"概念的目标就是为程序员提供一种建立新类型的工具,使这些新类型的使用能够像内部数据类型一样方便。在此基础上引入一种全新的程序设计的思路:"面向对象程序设计"。下面,我们将要介绍怎样定义类及类的成员。

8.1.1 类和对象的概念

我们的周围是一个真实的世界,不论在何处,我们所见到的东西都可以看成是对象。人、动物、工厂、汽车、植物、建筑物、割草机、计算机等等都是对象,现实世界是由对象组成的。

对象多种多样,各种对象的属性也不相同。有的对象有固定的形状,有的对象没有固定的形状,有的对象有生命,有的对象没有生命,有的对象可见,有的对象不可见,有的对象会飞,有的对象会跑,有的对象很高级,而有的对象很原始……各个对象也有自己的行为,例如,球的滚动、弹跳和缩小,婴儿的啼哭、睡眠、走路和眨眼,汽车的加速、刹车和转弯等。但是,各个对象可能也有一些共同之处,那就是至少它们都是现实世界的组成部分。

人们是通过研究对象的属性和观察它们的行为而认识对象的。我们可以把对象分成很多类,每一大类中又可分成若干小类,也就是说,类是分层的。同一类的对象具有许多相同的属性和行为,不同类的对象可具有许多相同的属性和类似的行为,例如,婴儿和成人,人和猩猩,小汽车和卡车、四轮马车、冰鞋等等都有共同之处,类就是对对象的抽象。

当我们把现实世界分解为一个个的对象,解决现实世界问题的计算机程序也与此相对应,由一个个对象组成,这些程序就称为"面向对象的程序",编写面向对象程序的过程就称"为面向对象的程序设计"(Object—Oriented Programming,简称为OOP)。OOP技术能够将许多现实的问题归纳成为一个简单解。支持 OOP 的语言也很多,C＋＋是应用最广泛的、支持 OOP 的语言,第一个成功的支持 OOP 的语言是 Smalltalk。

课堂速记

面向对象的程序设计(OOP)使用软件的方法模拟真实世界的对象,它利用了类的关系,即同一对象(如同一类运载工具)具有相同的特点,还利用了继承甚至多重继承的关系,即新建的对象类是通过继承现有类的特点而派生出来的,但是又包含了其自身特有的特点。

下面我们将分别从类和数据类型及类与结构的区别与联系来讨论什么是面向对象当中的类。

8.1.2 类与数据类型

我们已经知道什么叫变量。假定我们在 main()函数中定义了一个整型变量 newint:
void main()
{
int newint;
...
}

则在 main()函数中为 newint 分配栈内存,保存变量 newint 的值,并在 main 返回时,释放该内存。在面向对象的程序设计中,newint 也称之为"对象"。所谓对象就是一个内存区,它存储某种类型的数值,变量就是有名字的对象。对象除可以用上述定义的方法来创建外,还可以用 new 表达式创建,也可能是应用程序运行时临时创建的。例如,在函数调用和返回时,均会创建临时对象。

对象是有类型的。例如,我们上面定义的 newint 对象就是整型的。一个类型可以定义许多对象,一个对象有一个确定的类型。可以这么说,int 型变量是 int 类型的实例。以后,我们也常说"对象是类的实例",那么 int 是不是一个类呢?

实际上,我们所说的类,并非指 C＋＋中的那些基本的数据类型。C＋＋中引入了 class 关键字来定义类,它是一种特殊的数据类型。

8.1.3 类与结构

通过前面章节的学习我们知道结构是一种用户定义的数据类型,它将合法的数据类型的变量聚集到一起。下面是一个简单的结构声明:
struct student
{
char ＊ stuid;   //学号
char ＊ stuname;   //姓名
char ＊ studep;   //系部
char ＊ stugrd;   //班级
};
student   tom;

结构 student 由 4 个指向字符数组的指针变量组成,这些变量分别为 stuid、stuname、studep 和 stugra。tom 是结构类型 student 的一个变量,我们可以在声明时初始化 tom 的成员,并通过指针来存取:

```
tom. stuid = "00001";
tom. stuname = "tom";
tom. studep= "computer";
tom. stugrd = "001";
```

通过指针来访问 tom 的成员,可用如下程序来说明:

例 8—1 声明 tom 为结构类型 student 的一个变量。

```
student tom =
{
"00001","tom",
"computer","001"
};
//pst 是 student 类型的指针
student  * pst;
void main( )
{
//pst 指向 student 的第一个成员
pst = &tom;
cout<<"student id  is "<<pst->stuid<<endl
<<"student name  is "<<pst->stuname <<endl
<<"student department is "<<pst->studep<<endl
<<"student grade  is "<<pst->stugrd<<endl;
}
```

编译运行该程序会得到如下输出结果:

```
student id is 000001
student name id tom
student department is computer
student grade is 001
```

在本程序中声明了一个名为 student 的结构,定义 tom 为这个结构类型的变量,并且给其中各成员赋以初始化值,接着,声明了这个类型的指针 pst。在 main() 中,指针 pst 指向存储结构变量 tom 的内存地址。通过指向相应成员的指针,由 cout 语句来打印输出 tom 的每个结构成员。

例 8—1 中的 main() 函数的功能由两部分组成。第一部分初始化指针 pst,使之指向结构变量 tom;第二部分只是简单地输出每个成员的内容。为了使程序的结构更加清晰,下面我们把这个 main() 函数的功能分成两个函数分别实现。

例 8—2 分解 main() 函数的应用。

```
student  * pst;
student * initialize(student * pst)//初始化 pst 指针函数
{
pst = &tom;
return pst;
}
void output(student  * pst)//显示 student 信息的函数
```

```
        cout<<"student id   is "<<pst->stuid<<endl;
        cout<<"student name   is "<<pst->stuname <<endl;
        cout<<"student department is "<<pst->studep<<endl;
        cout<<"student grade   is "<<pst->stugrd<<endl;

}
void main(void)
{
pst = initialize(pst);
output(pst);
}
```

为了能在 main() 函数中实现输出 tom2 信息的功能,必须使 pst 指针指向 tom2,即修改 initialize 中的指针变量为"pst=&tom2"。如果 main() 函数中需要先输出 tom 的信息再输出 tom2 的信息,那么需要修改两次 pst 指针。以此类推如果在程序中需要显示 tom1、tom2…tom1 000 的信息则需要修改 1000 次 pst 指针。造成这种现象的原因就是结构体 student 没有自己显示本身信息的能力。因此结构仅仅是一种用户定义的数据类型,它将合法的数据类型的变量聚集到一起,结构本身不具备任何行为,仅仅是一种合法数据类型的聚集而已。

从 8.1.1 节的叙述中我们知道,人们是通过研究对象的属性和观察它们的行为而认识对象。从这个观点来看,结构体只适合也只能表示对象的属性,它不具备表示对象行为的能力。要想在计算机中完整的表示一个对象必须引入新的机制,这种机制必须能把对象的属性和行为结合起来。因此 C++中引入了类机制。

8.1.4　类的定义

类的定义可以分为两部分:说明部分和实现部分。说明部分说明类中包含的数据成员和成员函数,实现部分是对成员函数的定义。类定义的一般格式如下:

```
//类的说明部分
class<类名>
{
  public：
        <成员函数或数据成员的说明>        //公有成员,外部接口
  protected：
        <数据成员或成员函数的说明>        //保护成员
  private：
        <数据成员或成员函数的说明>        //私有成员
};      //类的说明部必须要以分号结束
//类的实现部分
    <各个成员函数的实现>
```

类定义的说明部分由头和体两个部分组成。类头由关键字 class 开头,然后是类名,其命名规则与一般标识符的命名规则一致。类体包括所有的细节,并放在一对花括号

中。花括号表示类的声明范围,说明该类的成员,其后的分号表示类声明结束。类的成员包括数据成员和成员函数,分别描述类所表达的问题的属性和行为。关键字 public、private 和 protected 称为"访问权限修饰符",它们限制了类成员的访问控制范围。类的定义也是一个语句,所以要有分号结尾,否则会产生难以理解的编译错误。

类的实现部分即各个成员函数的实现,它们既可以在类体内定义,也可以在类体外定义。如果一个成员函数在类体内进行了定义,它将不出现在类的实现部分。如果所有的成员函数都在类体内进行了定义,则可以省略类的实现部分。在类体内定义的成员函数都是内联函数。

类体中的数据成员成员可以由任何合法的 C++数据类型组成。可以包含:

1.通常的基本类型

```cpp
class primary
{
    int a;              //整型
    char b;             //字符型
    float c;            //浮点型
    double d;           //双精度浮点型
};
//class_1 是类 primary 的一个对象
primary class_1;
```

2.结构类型

```cpp
class structure_1
{
    //成员表中包含结构类型 student
    struct student
};
//tom 是类 structure_1 的对象
structure_1 tom
```

3.任何合法类型的指针

```cpp
class pointer_1
{
    //ptr 是结构类型 family 的指针
    struct student;
    student * ptr;
};
//tom 是类 pointer_1 的一个对象
pointer－1 tom;
```

4.类对象

```cpp
class point
{ flioat x;
    float y;
```

```
};
    class  circle
{  point center;          //定义了 point 类的一个对象 center
    float radius;
};
```

不同的类由不同的数据成员组成,在对类的数据成员和成员函数进行访问时有不同的限制,按照访问限制的不同,数据成员和成员函数分为 3 种类型:

(1)公有(public)成员和成员函数:可以在类外访问。

(2)私有(private)成员和成员函数:只能被该类的成员函数访问。

(3)保护(protected)成员和成员函数:只能被该类的成员函数或派生类的成员函数访问。

数据成员通常是私有的,成员函数通常有一部分是公有的,一部分是私有的。公有的成员函数可在类外被访问,也称之为"类的接口"。我们可以为各个数据成员和成员函数指定合适的访问权限。私有的成员与公有的成员的先后次序无关紧要。不过公有的接口函数放在前面更好,因为,有时我们可能只想知道怎样使用一个类的对象,那只要知道类的公有接口就行了,不必阅读 private 关键字以下的部分。

下面我们通过一个简单的的例子来看如何在 C++ 中定义并实现一个类。

例 8-3 定义并实现一个类。

```
class point
{
    public:
    int x;
    int y;
    bool equal(point p);
};
```

在例 8-3 中我们定义了一个 ponit 类即平面坐标系中的点,该类中包含了一个成员函数 equal()和两个数据成员 x 和 y。其中 x 和 y 分别表示该点 x 的坐标和 y 的坐标,equal()用于判断两个点的坐标是否相同。

类定义中的实现部分是成员函数具体实现的代码,下面的代码在声明了类后,实现了 point 类中的 equal()函数。其中 bool 是函数的返回值类型,"point::"表示该函数是 point 类的成员函数,如果是其他类的成员函数需要使用其他类的名字。

```
bool point::equal(point  p)
{
    return((p.x==x)&&(p.y==y));
}
```

类成员函数的一般形式如下:

```
    返回类型 类名::函数名(形参表)
    {
    函数体
    }
```

如果类的代码较多,则类的声明和类的实现通常包含在两个文件中。在 *.h 文件中包含类的声明,*.cpp 文件中包含类的实现。如果成员函数的代码较少,则其实现部分

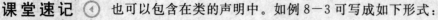

也可以包含在类的声明中。如例8-3可写成如下形式:

```
class point
    {
        public：
        int x;
        int y;
        bool equal(point p)
            {
            return((p. x==x)&&(p. y==y));
            };
        }
```

定义类以后就可以创建类的实例对象,并通过对象使用类。下面代码中创建了两个 point 对象并分别给这两个 point 对象的 x 和 y 赋值,最后通过调用 equal 函数判断这两个点是否相同。

例8-4 创建类的实例。

```
class point
{
    public：
    int x;
    int y;
    bool equal(point p)
      {
      return((p. x==x)&&(p. y==y));
      };
}

    void main()
    {
point p1;//定义第一个点的坐标
p1. x=100
p1. y=100
point p2;//定义第二个点的坐标
p2. x=200;
p2. y=200;
cout<<"第一个点的坐标是"<<p1. x<<","<<p1. y<<endl;
cout<<"第一个点的坐标是"<<p2. x<<","<<p2. y<<endl;
    if(p1. equal(p2))
cout<<"两个点的坐标相同"<<endl;
else
cout<<"两个点的坐标不同"<<endl;
}
```

图8-1为例8-4的运行结果。

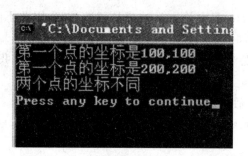

图 8-1

8.1.5　类成员的访问控制

　　类中的成员具有不同的访问权限修饰符。在例 8-4 的 point 类中,数据成员 x、y 和成员函数 equal() 都是公有的。在类的定义,中不同的访问权限修饰符限制了类成员的不同的访问控制范围。从上节中我们知道类中提供了 3 种访问控制权限:公有(public)、私有(private)和保护(protected)。其中,公有类型定义了类的外部接口,任何一个外部的访问都必须通过外部接口进行;私有类型的成员只允许本类的成员函数访问,来自类外部的任何访问都是非法的;保护类型介于公有类型和私有类型之间,在继承和派生时可以体现出其特点。

　　我们通过修改例 8-4 来说明访问权限修饰符的作用。

　　例 8-5　该问权限修饰符的作用。

```
 class point
 {
public:
int x;
private://将 public 关键字替换为 private
int y;
bool equal(point p)
{
return((p. x==x)&&(p. y==y));
};
}
}
void main()
{
    point p1;//定义第一个点的坐标
    p1. x=100;
    p1. y=100;
    cout<<"第一个点的坐标是"<<p1. x<<","<<p1. y<<endl;
}
```

　　在 VC++6.0 中编译例 8-5 出现"error C2248:'y' : cannot access private member declared in class 'point'"错误提示信息,意思是不能访问在 point 类中定义的私有成员变量 'y'。而成员变量 'x' 的访问修饰符是"public",因此对变量 'x' 的访问不受影响。

课堂速记

因为私有成员变量(private)只允许本类的成员函数访问,因此不能用"."操作符直接访问类的私有成员变量。如果我们想访问类 point 中的成员变量 'y' 必须要在类 point 中加入新的成员函数来实现对变量 'y' 的访问和赋值操作。因此我们把例 8-5 修改为例 8-6。

例 8-6 增加函数后对变量的访问和操作。

```
#include <iostream.h>
class point
{
public://将 public 关键字替换为 private
int x;
sety(int yy){y=yy;};
gety(point pp){return pp.y;}
private:
int y;
bool equal(point p)
{
return((p.x==x)&&(p.y==y));
};
};

void main()
{
point p1;//定义第一个点的坐标
p1.x=100;
p1.sety(100);
cout<<"第一个点的坐标是"<<p1.x<<","<<p1.gety(p1)<<endl;
}
```

例 8-6 中在类 point 的定义中加入了成员函数 sety() 和 gety() 用来设置和读取成员变量 'y' 的值。在 main() 函数中通过调用这两个函数来实现对成员变量 'y' 的设置和读取。注意新加入的成员函数 sety() 和 gety() 的访问修饰符为"public"而不是"private",其原因仍然为访问修饰符"private"的限制。

关于访问修饰符还有以下 3 点需要注意:

(1)类中的访问权限修饰符可以以任意顺序出现,并且可以出现多次,但是一个成员只能具有一种访问权限。

(2)在类定义时最好将各种属性分别归类,同一权限的成员放在一起。

(3)类中缺省的访问权限修饰符是私有的(private)。

8.1.6 this 指针

在 C++中包含一个隐含的指针——this。this 指针是一个隐含的指针,它隐含于每个类的非静态成员函数中,它明确地表示出了成员函数当前操作的数据所属的对象。当对一个对象调用成员函数时,编译程序先将对象的地址赋值给 this 指针,然后调用成员

函数,每次成员函数存取数据成员时,则隐含使用 this 指针。因此通过 this 指针就可以访问当前对象中的成员变量或成员函数,其格式为:this->成员变量或者成员函数。

下面通过代码说明 this 指针的使用方法。

例 8-7 this 指针的使用。

```
#include <iostream.h>
class pointthis
{
private :
        int x;
        int y;
public:
        void setx(int x)
        {this->x=x;}
        void sety(int y)
        {this->y=y;}
        int getx()
        {return this->x;}
        int gety()
        {return this->y;}

};

    void main()
    {
    pointthis   p1;
    p1.setx(100);
    p1.sety(100);
    cout<<"横坐标:"<<p1.getx();
    cout<<"纵坐标:"<<p1.gety();
    }
```

在例 8-7 中,pointthis 类中的变量 x 和 y 为 private 类型为私有成员,通过上节的学习我们知道在赋值和访问时不能直接用"."运算符直接访问成员变量。为了解决 x 和 y 的读写问题,定义了两组函数用于读(get()函数)、写(set()函数)这两个成员。其中 getx()用于返回当前 x 的值,setx()用于设定当前 x 的值;gety()用于返回当前 y 的值,sety()用于设定当前 y 的值。

在实现 setx()和 sety()的函数中,函数的参数分别为 x 和 y,和类中的 x 和 y 名字一样。如果在 setx()函数中直接使用 x,则所有的操作都是针对参数 x 而不是成员变量 x;如果在 sety()函数中直接使用 y,则所有的操作都是针对参数 y 而不是成员变量 y。在这种情况下为了能正确的访问成员变量 x 和 y 就必须使用 this 指针。语句"this->x=x;"用于把参数 x 赋值给成员变量 x;"this->y=y;"用于把参数 y 赋值给成员变量 y。

课堂速记

8.2 构造函数和析构函数

在 C++中,有两种特殊的成员函数,即是构造函数和析构函数。构造函数在类被创建时调用,是一种特殊的成员函数。一般在构造函数中进行变量的初始化和内存的分配操作;析构函数在对象被销毁时调用,也是一种特殊的成员函数,一般在析构函数中进行清理工作,回收创建的内存空间。构造函数和析构函数都属于同一个类,既可以由用户提供,也可以由系统自动生成。

8.2.1 构造函数

类是一种用户自定义的类型,声明一个类对象时,编译程序需要为对象分配存储空间,进行必要的初始化。在 C++中,可以通过一个叫做构造函数的特殊函数来保证每个对象被正确地初始化。对象被创建时,构造函数被自动调用。所以,在我们使用一个对象之前,它的初始化就已经完成了。

构造函数的特点是没有类型,没有返回值,名字与类名相同,而且一个类可以有多个构造函数,也可以没有构造函数。当没有构造函数时,编译器会自动为该类创建一个默认的构造函数。下面是一个简单的类,它显式地定义了构造函数:

```
class T
{
  int i;
  public：
  T()；//构造函数没有返回值、名字与类名相同
};
```

当用该类定义一个对象时:

```
void f()
{
  T t;
  //…
}
```

定义对象 t 与定义一个整型变量的方法并没有什么区别,都是为这个对象分配内存。但是,与定义一个整型变量也有不同的地方:当对象 t 创建时,会自动调用其构造函数。t 的构造函数没有参数。当然构造函数可以有参数,如下面的例 8-8 所示。

例 8-8 构造函数的应用。

```
class pointC
{
public:
    int x;
    int y;
public:
```

```
            pointC(int xx,int yy);
            pointC( ){x=300;y=300;}
    };
    //构造函数的实现
    pointC::pointC(int xx,int yy)
    {
        x=xx;
        y=yy;
    }
```

在定义了类的构造函数后,创建对象实例时就需要使用构造函数。下面的代码中创建了两个 pointC 类的实例对象。

```
    void main()
    {
    //用构造函数 pointC()创建第一个点
    pointC   p1;
        //用 构造函数 pointC(int xx,int yy)创建第二个点。
    pointC   p2(200,300);
    cout<<"第一个点的坐标为"<<p1.x<<","<<p1.y<<endl;
    cout<<"第二个点的坐标为"<<p2.x<<","<<p2.y<<endl;
    }
```

其中该语句 pointC   p1(100,200)这里要和构造函数的定义对应,否则会发生错误。在不显示使用构造函数 pointC(int xx,int yy)时,系统将自动调用构造函数 pointC( )。其运行结果如图 8-2 所示。

图 8-2

综上所述,构造函数是一个有着特殊名字,在对象创建时被自动调用的一种函数,它的功能就是完成类的初始化。其特点为:

(1)构造函数的名字必须与类名相同。

(2)构造函数不指定返回类型,它隐含有返回值,由系统内部使用。

(3)构造函数可以有一个或多个参数,因此构造函数可以重载。

(4)在创建对象时,系统会自动调用构造函数。

8.2.2 析构函数

我们常常不会忽略初始化的重要性,却很少想到清除的重要性。实际上,清除也很重要。例如,我们在堆中申请了一些内存,如果不在用完后就释放,就会造成内存泄露,它会导致应用程序运行效率降低,甚至崩溃,因此我们不可掉以轻心。在 C++中,提供

了析构函数,保证对象清除工作的自动执行。析构函数的定义有如下要求:

(1)一个类可以有多个构造函数,但是只能有一个析构函数。

(2)析构函数的名字是类名字前加一个"～"符号。

(3)析构函数不能有返回类型。

(4)析构函数不能带有参数。

下面是类 pointD(例 8—9)的声明,其中声明了一个构造函数和一个析构函数。成员变量 name 是一个字符数组指针,用于保存当前对象的名字。

例 8—9 类 pointD 的声明。

```cpp
class pointD
{
    public :
            int x;
            int y;
            //字符数组指针,用于保存对象的名字
            char * name;
            bool equal(pointD * P);
            //定义一个构造函数
            pointD(int x,int y);
            //定义一个析构函数
            ～pointD();
};
```

pointD()类的实现代码如下(例 8—10)。在构造函数 pointD(int x,int y)中创建一个有 30 个元素的字符数组,并用 name 指针指向该数组。在析构函数～pointD()中要把分配的内存资源收回,因此首先检查 name 指针是否为空,当不为空时通过关键字 delete 删除并回收指针指向的内存资源。

例 8—10 pointD()类代码的实现。

```cpp
bool pointD::equal(pointD * p)
{
    return ((p->x==x)&&(p->y==y));

}
//构造函数的实现
pointD::pointD(int x, int y)
{
    this->x=x;
    this->y=y;
    name=new char[30];
}
//析构函数的实现
pointD::～pointD()
{
    cout<<"调用"<<name <<"的析构函数"<<endl;
```

```
if（name！＝NULL）
{
    delete name；
    name＝NULL；
}
}
```

接下来的主函数中（例8－11），首先创建了两个 pointD 对象指针，并指向新创建的 pointD 实例对象。

例8－11 先创建两个 poimtD 对象指针，并指向新创建的 poimtD 实例对象。

```
void main（）
{
    //定义第一个点
    pointD ＊ p1＝new pointD（100，100）；
    strcpy（p1－＞name，"第一个点"）；

    //定义第二个点
    pointD ＊ p2＝new pointD（200，200）；
    strcpy（p2－＞name，"第二个点"）；

    cout<<"第一个点的坐标："<<p1－＞x<<","<<p1－＞y<<endl；
    cout<<"第二个点的坐标："<<p2－＞x<<","<<p2－＞y<<endl；
    if(p1－＞equal(p2))
    {cout<<"两个点相同"<<endl;}
    else
    {cout<<"两个点不同"<<endl;}
    //删除创建的指针对象
    delete p1；
    p1＝NULL；
    delete p2；
    p2＝NULL；
}
```

例8－11的运行结果如图8-1所示。

在例8－11中删除 pointD 类的对象 p1、p2 时是通过 delete 实现的。当程序运行到 delete 时，系统会调用 pointD 类的析构函数，然后再回收对象的内存资源，因此程序的运行结果中才会出现"调用第一个点的析构函数"、"调用第二个点的析构函数"字样。

总之，和构造函数一样，析构函数也是类中的一种特殊的成员函数，它具有自己的一些特性：

(1)析构函数名是在类名前加求反(求补)符号"～"；

(2)析构函数不指定返回类型，它隐含有返回值，由系统内部使用；

(3)析构函数没有参数，因此析构函数不能重载，一个类中只能定义一个析构函数；

(4)在撤销对象时，系统会自动调用析构函数。

8.2.3 复制构造函数

复制构造函数是一种特殊的构造函数,具有一般构造函数的所有特性,其形参是本类对象的引用。复制构造函数的作用是使用一个已经存在的对象(由复制构造参数制定的对象)去初始化一个新的同类的对象。

程序开发人员可以根据实际问题的需要定义特定的复制构造函数,以实现同类对象之间数据成员的传递。如果用户没有声明类的复制构造函数,系统就会自动生成一个默认的函数,这个默认的复制构造函数的功能是把初始值对象的每个数据成员的值都复制到新建的对象中。因此,也可以说是完成了同类对象的复制,这样得到的对象与原有对象具有完全相同的数据成员,即完全相同的属性。

定义一个复制构造函数的格式为:

```
class 类名
{
public :
类名(形参表);
类名(类名 & 对象名)
...
}
类名::类名(类名 & 对象名)
{
    函数体
}
```

下面给出一个复制构造函数的例子(例8—12)。

例8—12 构造函数的复制。

```
class cypoint
{
    public:
    cypoint(int xx=2,int yy=3){x=xx;y=yy;}//构造函数
    cypoint(cypoint &p);//复制构造函数
    int getx(){return x;}
    int gety(){return y;}
    private:
    int x;
    int y;
};
//复制构造函数的实现
cypoint::cypoint(cypoint &p)
{
    x=p.x;
    y=p.y;
}
```

普通构造函数是在对象创建时被调用,而复制构造函数在以下三种情况下都会被调用:

(1)当用类的一个对象去初始化该类的另一个对象时它将被调用。例如:

```
void main()
{
    cypoint cp1(3,5);
    cypoint cp2(cp1);//用对象cp1初始化对象cp2时,复制构造函数被调用。
}
```

(2)如果函数的形参是类的对象,调用函数时进行形参和实参的结合时它将被调用。例如:

```
void fc(cypoint p)
{
  cout>>p.getx()<<endl;
}
```

```
void main()
{
    cypoint cp1(3,5);
fc(cp1)//函数的形参为类的对象,当调用函数时,赋值构造函数被调用。
}
```

(3)如果函数的返回值是类的对象,函数调用完成返回时它被调用。例如:

```
cypoint fc()
{
    cypoint cp(6,8);
    return cp;
}
```

```
void main()
{
 cypoint cp1(3,5);
 cp2=fc();//函数的返回值是类对象,函数返回时调用赋值构造函数
}
```

8.2.4 缺省构造函数

缺省构造函数就是调用时不必提供参数的构造函数。缺省构造函数的函数名与类名相同。它的参数表或者为空,或者它的所有参数都具有默认值。前面pointC类中构造函数 pointC(){x=300;y=300;}就是缺省构造函数。

如果类中定义了一个缺省构造函数,则使用该函数。如果一个类中没有定义任何构造函数,编译器将生成一个不带参数的公有缺省构造函数,它的定义格式如下:

<类名>::<类名>()

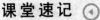

```
        {
        }
```

每个类都必须有一个析构函数。如果一个类没有声明析构函数,编译器将生成一个公有的析构函数,即缺省析构函数,它的定义格式如下:

```
        <类名>::~<类名>()
        {
        }
```

8.2.5 对象生存期

对象的生存期是指对象从被创建开始到被释放为止的时间。对象按生存期可分为3类:

(1)局部对象:当程序执行到局部对象的定义之处时,调用构造函数创建该对象;当程序退出定义该对象所在的函数体或程序块时,调用析构函数释放该对象。

(2)静态对象:当程序第一次执行到静态对象的定义之处时,调用构造函数创建该对象;当程序结束时调用析构函数释放该对象。

(3)全局对象:当程序开始执行时,调用构造函数创建该对象;当程序结束时,调用析构函数释放该对象。

通过下面的例8—13可以看出不同对象的生存期:

例8—13 不同对象生存期的使用。

```cpp
class point
{
    public:
    point(char * s);
    ~point();
    private:
    char str[30];
};
point::point(char * s)
{
    strcpy(str,s);
    cout<<"constructor of  "<<str<<endl;
}

point::~point()
{
    cout<<"destructor of  "<<str<<endl;
}

void display()
{
    point display("display");
```

```
        static point staticpoint("staticpoint");
        cout<<"all above in display"<<endl;
    }

    point globpoint("globpoint");

    void main()
    {
        point mainpoint("mainpoint");
        cout<<"in main before call display"<<endl;
        display();
        cout<<"in main after call display"<<endl;
    }
```

运行结果为：

constructor of   globpoint

constructor of   mainpoint

in main before call display

constructor of   display

constructor of   staticpoint

all above in display

destructor of   display

in main after call display

destructor of   mainpoint

destructor of   staticpoint

destructor of   globpoint

从上面得运行结果我们不难看出：全局对象的作用域最大，生存期最长；静态对象次之；局部对象的作用域最小，生存期也最短。

8.3 友元函数和友元类

在前面的学习中我们已经知道C++有3个关键字，用于设置类成员的访问权限，它们是：public、private 和 protected。

（1）关键字 public 意味着在其后声明的所有成员在类外可以访问：

（2）关键字 private 则意味着，除了该类的成员函数之外，类外不能访问这些成员。如果试图访问私有成员，就会产生编译错误。类中缺省访问权限说明的的成员声明是 private 的。

（3）protected 和 private 区别在于：protected 成员可以被派生类访问，而 private 成员则不能被派生类访问。

类的私有成员只能在类内访问，那么有没有可能让类外的成员访问呢？其实，在C++中，友元可以访问类的私有成员。友元不是类的成员，但必须在类的内部声明。因

课堂速记

为"谁是我的朋友"必须由"我自己决定"。绝对不能允许下面的现象发生：李四说，"嘿，我是张三的朋友"，然后李四就开始使用张三的一切，包括他的私有财产。李四究竟是不是张三的朋友，必须由张三自己说了算。

通过 friend 关键字，可以把一个全局函数声明为友元，也可以把另一个类中的成员函数，甚至整个类都声明为友元。如果把一个全局函数或一个类的成员函数声明为该类的友元则称该函数为该类的"友元函数"。如果把一个类都声明为该类的一个友元则称该类为"友元类"。

例 8-14 计算平面坐标系上任意两点间的距离。

```cpp
#include <iostream.h>
#include <math.h>
class point
{
  private:
    int X,Y;
  public:
    point(int xx=0,int yy=0){X=xx;Y=yy;}
    int getx(){return X;}
    int gety(){return Y;}
    //声明 dist 为友元函数
    friend float dist(point &a,point &b);
};

//dist 函数用于计算两点间的距离
float dist(point &p1,point &p2)
{
  double x=double(p1.X-p2.X);
  double y=double(p1.Y-p2.Y);
  return float(sqrt(x*x+y*y));
}

void main()
{
  point po1(2,2),po2(5,5);
  cout<<"两点的距离为："<<dist(po1,po2)<<endl;
}
```

在例 8-14 中 dist 函数用于计算两点的距离，在计算两点间的距离时用到了 point 类的私有变量 X 和 Y。由于 X 和 Y 为 point 类的私有变量，因此它们只能被 point 类的成员函数访问。为了使得 dist 函数能够访问到变量 X 和 Y，在 point 类的声明中用关键字 friend 把函数 dist 声明为该类的友元函数，这样 dist 函数就可以访问 point 类中的私有变量了。

若类 A 为类 B 的友元类，则类 A 的所有成员函数都是类 B 的友元函数，都可以访问类 B 的私有成员和保护成员。一般的语法格式为：

```
class B
{
    friend class A;//声明 A 为 B 的友元类
};
```

通过友元类声明,友元类的成员函数可以通过对象命名直接访问到隐藏的数据,达到高效协调工作的目的。在较为复杂的问题中,实现了不同类之间数据共享,友元类的使用也是很必要的选择。

关于友元,还有两点需要注意:

(1)友元关系是不能传递的。如果类 A 是类 B 的友元,类 B 是类 C 的友元,类 A 和类 C 之间如果没有声明,就没有任何友元关系,不能进行数据共享。

(2)友元关系是单向的。如果类 A 是类 B 的友元,类 A 的成员函数可以访问 B 的私有和保护数据,但类 B 的成员函数不能访问类 A 的私有、保护数据。

8.4 静态成员

关键字 static 可以用来定义静态成员变量和静态成员函数,静态成员属于整个类,为类的所有对象共享。无论该类创建了多少个实例对象,静态成员始终只有一个。即使没有创建任何实例对象,静态成员也是存在的。我们可以通过如下的格式访问静态成员:

类名::成员变量

类名::成员函数

使用静态成员变量可以在类的范围内共享数据。使用静态成员函数可以不创建实例对象就能够执行函数。

例 8－15 创建一个 points 类,其中包含一个静态成员变量 counter,用于对类实例进行计数,还包含了一个静态成员函数 equal(),用于判断两个点是否相同。

```
class points
{
    public:
    int x;
    int y;
    static int counter;
public:
    bool equal(points p);
    //下面定义一个静态成员函数
    static bool   equal(points p1,points p2);
};
```

在生命静态成员变量时不能对其进行初始化,否则会发生编译错误。静态成员变量的初始化应该在类的实现中进行。代码如下:

```
//静态成员初始化
int points::counter=0;
//points 的实现
```

```
bool points::equal(points p)
{
    return((p.x==x)&&(p.y==y));
}


//静态成员函数的实现
bool points::equal(points p1,points p2)
{
    return((p1.x==p2.x)&&(p1.y==p2.y));
}
```

例 8-16 定义两个 points 类的对象 p1 和 p2 并对静态成员变量 counter 进行自加运算。

```
void main()
{
    //定义第一个 points 对象
    points p1;
    p1.x=500;
    p1.y=600;
    p1.counter++;//对"p1 的"静态成员变量 counter 进行自加操作

    //定义第一个 points 对象
    points p2;
    p2.x=700;
    p2.y=600;
    p2.counter++;//对"p2 的"静态成员变量 counter 进行自加操作

    cout<<"第一个点的坐标为:"<<p1.x<<","<<p1.y<<endl;
    cout<<"第二个点的坐标为:"<<p2.x<<","<<p2.y<<endl;
    cout<<"静态成员变量 counter 的值为:"<<points::counter<<endl;

    if(points::equal(p1,p2))
    {
    cout<<"两个点相同"<<endl;
    }
    else
    {
    cout<<"两个点的值不同"<<endl;
    }
}
```

运行结果为图 8-3 所示。

从例 8-16 的运行结果中我们看到,虽然在程序中我们分别对 p1.counter 和 p2.counter进行了自加操作。但在输出静态成员变量时对象 p1、p2 及 points 类中的成员

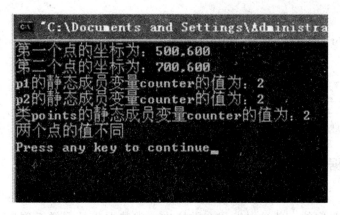

图 8-3

变量 counter 的值都为 2。这是因为静态成员为该类所有的对象共有,但静态成员只有一个,它不属于任何实例。因此 points 类的对象 p1 和 p2 共有静态成员变量 counter,但 counter 只有一个,它不属于 p1 或 p2。所以 p1. counter 和 p2. counter 以及 points::counter 的值都为 2。因此我们在使用静态成员函数或静态成员变量时都应通过类名调用。

公有的静态数据成员可以直接访问,但私有的或保护的静态数据成员却必须通过公有的接口进行访问,一般将这个公有的接口定义为静态成员函数。

使用 static 关键字声明的成员函数就是静态成员函数,静态成员函数也属于整个类而不属于类中的某个对象,它是该类的所有对象共享的成员函数。静态成员函数可以在类体内定义,也可以在类外定义。当在类外定义时,要注意不能使用 static 关键字作为前缀。

由于静态成员函数在类中只有一个拷贝(副本),因此它访问对象的成员时要受到一些限制:静态成员函数可以直接访问类中说明的静态成员,但不能直接访问类中说明的非静态成员。若要访问非静态成员时,必须通过参数传递的方式得到相应的对象,再通过对象来访问。

8.5 常 成 员

虽然数据隐藏保证了数据的安全性,但各种形式的数据共享却又不同程度地破坏了数据的安全性。因此,对于既需要共享又需要防止改变的数据应该定义为常量进行保护,以保证它在整个程序运行期间是不可改变的。本节介绍常对象与常数据成员。

8.5.1 常对象

常对象必须进行初始化,而且不能被更新。定义常对象的语法格式为:

    ＜类名＞　const　＜对象名＞

或

    const　＜类名＞　＜对象名＞

例如:

class test()

{

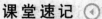

```
public：
    test(int i,int j){x=i;y=j;}
private：
    int x,y;
}
test const t(6,9);
```

8.5.2 常数据成员

使用 const 说明的数据成员为常数据成员。常数据成员的定义与一般成员变量的定义方式相同,只是它的定义必须出现在类体中。常数据成员同样必须进行初始化,并且不能被更新。常数据成员的初始化,必须通过过构造函数的初始化列表进行进行。

下面的例子(例8-17)说明了如何定义并初始化常数据成员。

例8-17 定义并初始化常数据成员。

```
class constpoint
{
    public：
    constpoint(int i,int j);
    void show(){cout<<x<<","<<y<<endl;}
    private：
    const x;
    int y;
};
constpoint::constpoint(int i,int j):x(i)        //用变量 i 的值初始化常成员变量 x
{
    y=j;
}
void main()
{
    constpoint constpoint1(6,8);
    constpoint1.show();
}
```

程序的输出结果为6,8。

上述程序中定义了一个常数据成员 a,它在构造函数中进行初始化,注意构造函数的格式如下所示:

```
constpoint::constpoint(int i,int j):x(i)      //用变量 i 的值初始化常成员变量 x
{
    y=j;
}
```

其中,冒号后面就是一个构造函数的成员初始化列表,它用于初始化各个数据成员。

执行带有成员初始化列表的构造函数时,要注意首先执行的是成员初始化列表,然后才执行构造函数体。在执行成员初始化列表时,不管各项的排列顺序如何,都将按照

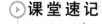

类中数据成员定义的先后顺序给数据成员赋初值。而在执行构造函数体时,则是按照语句排列的顺序自上而下进行的。

课后延伸

通过本章的学习,尤其是对刚接触面向对象程序设计的同学来说,类与对象的定义和使用方法、构造函数的定义和使用,是必须要把握好的,必须透彻地理解。为了更好地理解这些概念,可以阅读相关内容的书籍,以巩固所学知识和拓展知识面。

1.李普曼.C++Primer 中文版[M].北京:人民邮电出版社,2006.

2.张海藩.面向对象程序设计实用教程[M].北京:清华大学出版社,2001.

闯关考验

一、选择题

1.下列有关类的说法不正确的是(　　)。

A.类是一种用户自定义的数据类型

B.只有类中的成员函数或类的友元函数才能存取类中的私有数据

C.在类中(用 class 定义),如果不作特别说明,所有的数据均为私有数据

D.在类中(用 class 定义),如果不作特别说明,所有的成员函数均为公有数据

2. 以下有关析构函数的叙述不正确的是(　　)。

A.在一个类只能定义一个析构函数

B.析构函数和构造函数一样可以有形参

C.析构函数不允许用返回值

D.析构函数名前必须冠有符号"～"

3. 以下有关类与结构体的叙述不正确的是(　　)。

A. 结构体中只包含数据;类中封装了数据和操作

B. 结构体的成员对外界通常是开放的;类的成员可以被隐藏

C. 用 struct 不能声明一个类型名;而 class 可以声明一个类名

D. 结构体成员默认为 public;类成员默认为 private

4. 以下叙述中不正确的是(　　)。

A. 一个类的所有对象都有各自的数据成员,它们共享函数成员

B. 一个类中可以有多个同名的成员函数

C. 一个类中可以有多个构造函数、多个析构函数

D. 在一个类中可以声明另一个类的对象作为它的数据成员

5. 以下不属于构造函数特征的是(　　)。

A.构造函数名与类名相同

B.构造函数可以重载

C. 构造函数可以设置默认参数

D. 构造函数必须指定函数类型

6. 以下有关类和对象的叙述不正确的是（　　）。

A. 任何一个对象都归属于一个具体的类

B. 类与对象的关系和数据类型与变量的关系相似

C. 类的数据成员不允许是另一个类的对象

D. 一个类可以被实例化成多个对象

7. 设有定义：

```cpp
class person
{
    int num;
    char name[10];
public:
    void init(int n, char * m);
    ...
};
person std[30];
```

则以下叙述不正确的是（　　）。

A. std 是一个含有 30 个元素的对象数组

B. std 数组中的每一个元素都是 person 类的对象

C. std 数组中的每一个元素都有自己的私有变量 num 和 name

D. std 数组中的每一个元素都有各自的成员函数 init

8. 设有以下类的定义：

```cpp
class Ex
{ int x;
public:
void setx(int t=0);
};
```

若在类外定义成员函数 setx()，以下定义形式中正确的是（　　）。

A. void setx(int t) { ... }

B. void Ex::setx(int t) { ... }

C. Ex::void setx(int t) { ... }

D. void Ex::setx() { ... }

9. 以下关于静态成员变量的叙述不正确的是（　　）。

A. 静态成员变量为类的所有对象所公有

B. 静态成员变量可以在类内任何位置上声明

C. 静态成员变量的赋初值必须放在类外

D. 定义静态成员变量时必须赋初值

10. 定义静态成员函数的主要目的是（　　）。

A. 方便调用

B. 有利于数据隐藏

C. 处理类的静态成员变量

D. 便于继承

二、填空题

1. OOP 技术由_____、_____、方法、消息和继承五个基本的概念所组成。

2. 类的成员函数可以在_____定义,也可以在_____定义。

3. 类是用户定义的类型,具有类类型的变量称作_____。

4. 一个类的析构函数不允许有_____。

5. 用于定义 C++的类的关键字有_____、_____和 union。

三、编程题

1. 编写一个程序,设计一个产品类 Product,其定义如下:

```
class Product
{   char * name;                    //产品名称
    int price;                      //产品单价
    int quantity;                   //剩余产品数量
public:
    product(char * n,int p int q);      //构造函数
    ～product( );                     //析构函数
    void buy(int money);               //购买产品
    void get() const;                  //显示剩余产品数量
};
```

并用数据进行测试。

2. 某商店经销一种货物,货物成箱购进,成箱卖出,购进和卖出时以重量为单位,各箱的重量不一样。因此,商店需要记下目前库存货物的总量,要求把商店货物购进和卖出的情况模拟出来。

3. 定义一个 Car 类和 Truck 类,用友元实现两类对象行驶速度的快慢比较。

第 **9** 章

继承和多态

目标规划

（一）知识目标

理解继承的含义；掌握派生类的定义方法和实现；理解公有继承下基类成员对派生类成员和派生类对象的可见性，能正确地访问继承层次中的各种类成员；理解保护成员在继承中的作用，能够在适当的时候选择使用保护成员，以便派生类成员可以访问基类部分的非公开的成员；理解虚函数在类的继承层次中的作用和虚函数的引入对程序运行时的影响，能够写出使用虚函数的简单程序写出程序结果。

（二）技能目标

学会从现有类派生出新类的方式；了解基类成员在派生类中的访问控制；熟悉派生类中构造函数和析构函数的调用顺序；掌握虚基类所要解决的问题。

课前热身随笔

本章穿针引线

继承和多态
- 继承的概念及定义
  - 什么是继承
  - 如何生成派生类
  - 派生类的定义
- 派生类对基类成员的访问控制
  - 公有继承
  - 私有继承
  - 保护继承
- 派生类的构造函数和析构函数
  - 派生类的构造函数
  - 派生类的析构函数
- 多继承中的二义性
  - 作用域分辨符
  - 虚基类
- 多态
  - 什么是多态
  - 运算符重载
  - 虚函数
  - 纯虚函数和抽象类

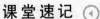

通过对前面章节的学习,对于把实际问题抽象和处理基本上可以有效地实现了。但是,面向对象方法关于代码重用性和可扩充性的优点还没有体现出来。对于一个实际问题,往往已经有人做过类似的研究,给出了一些分析和解决问题的方案,因此应当考虑吸收这些成果,重用其代码。当针对问题的新发展需要进行必要的改造和扩充时,如何在已有的基础上高效的进行?对问题有了新的思考和认识,如何把这些新的东西融入到已有的成果中?面向对象程序设计中类的继承和派生就是来解决这个问题的。

代码复用是C++最重要的性能之一,它是通过类继承机制来实现的。继承机制允许程序员在保持原有类的基础上进行更具体更详细的定义。新的类由原有的类产生,新类继承了原类的特征,或者在原有类派生出新类。通过类继承,我们可以复用基类的代码,并可以在继承类中增加新代码或者覆盖基类的成员函数,为基类成员函数赋予新的意义,实现最大限度的代码复用。

9.1 继承的概念及定义

9.1.1 什么是继承

类的继承就是新的类从已有的类那里得到已有的特性。反过来看,从已有类产生新类的过程就是类的派生。类的继承与派生机制允许程序员在保持原有类的特性的基础上,进行更具体、更详细的修改和扩充定义。新的类由原来的类产生,包含了原有类的关键特征,同时也加入了新的用户自己所特有的性质,新的类集成了原有类的特征,原有类派生出新类。原有类称为"基类"或"父类",产生的新类称为"派生类"或"子类"。派生类也可以作为基类派生新类。类的派生实际上就是从一个已知的类出发建立一个新类。

例如,为了表示一个学生的信息我们建立了 student 类,代码如下:

```cpp
class student
{
    string name;
    string ID;
    string dept;
    string grade
    //student 类的成员函数
};
```

接下来定义一个班长的类:

```cpp
class Bstudent
{
    student banzhang;
    int shenfen;
    // Bstudent 类的成员函数
};
```

根据经验可以知道,一个班长同时也是一个学生,所以在 Bstudent 类的对象的

banzhang 数据成员里保存着 student 类的数据。但是这种描述方式只是向读者传递了一个班长同时也是一个学生的信息,却并没有向编译器和其他工具提供有关一个班长也是一个学生的任何信息。因此,在要求使用 student 类信息的地方并不能使用 Bstudent 信息。而解决这一问题的正确途径就是应该能够把 Bstudent 也是 student 这一事实明确的表示出来.再加上描述 Bstudent 的附加信息,即

```
class Bstudent:public student
{
    student banzhang;
    int shenfen;
    // Bstudent 类的成员函数
};
```

这时,Bstudent 是由 student 类派生的,反过来说,student 是 Bstudent 的一个基类。类 Bstudent 包含了类的全部信息并加入了自己的的成员。这种派生类从基类那里集成了各种成员的关系就称为"继承"。

从派生类的角度看,根据它所继承的基类数目的不同分为单继承和多继承。一个类只有一个基类时,称为"单继承";一个类由多个基类时,称为"多继承"。单继承和多继承时基类和派生类的关系如图 9-1 所示:

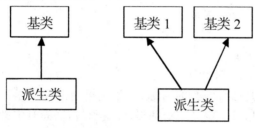

图 9-1

从上面的描述可知,任何一个类都可以派生出一个新类,派生类也可以再派生出新类,因此,基类类和派生类是相对而言的。一个基类可以是另一个基类的派生类,从而形成了复杂的继承结构,出现了类的层次。基类与派生类之间的关系如下:

(1)基类是对派生类的抽象,派生类是对基类的具体化。基类抽取了它的派生类的公共特征,而派生类通过增加信息将抽象的基类变为某种有用的类型,派生类是基类定义的延续。

(2)派生类是基类的组合。多继承可以看作是多个单继承的简单组合。

9.1.2 如何生成派生类

在面向对象程序设计中,进行了派生类的定义后,给出该类的成员函数的实现,整个类就算完成了,可以由它来生成对象进行实际问题的处理。这个过程实际上经历了如下三个步骤:吸收基类成员;改造基类成员;添加新成员。下面分别对这三个步骤进行解释。

1.吸收基类成员

面向对象的继承和派生机制,最主要的目的就是实现代码的重用和扩充。因此,吸收基类成员就是一个重用的过程,而对基类成员进行调整改造和添加新的成员就是原有代码的扩充过程,二者是相辅相成的。

在面向对象的类继承中,首先是基类成员的全盘接收。这样,派生类实际上就包含了它的所有基类的除构造函数之外的所有成员。尽管很多基类成员,特别是非直接基类

成员在派生类中很可能根本起不上作用,却也被继承下来,在生成对象时也要占用内存空间,造成资源的浪费。这种情况经历多次派生之后显得更为严重。

2. 改造基类成员

对基类成员的改造包括两个方面,一方面是基类数据成员的访问控制问题,主要是依靠派生类定义时的继承方式控制;另一方面是对基类数据成员的覆盖,就是在派生类中定义了一个与基类数据或函数透明的成员。由于作用域不同,发生同名覆盖,基类中的成员就被替换成派生类中的同名成员。

3. 添加新成员

派生类新成员的加入时继承和派生的核心,是保证派生类在功能上有所发展的关键。根据实际情况的需要可以给派生类适当地添加数据和成员函数,实现必要的新增功能。同时,在派生的过程中,基类的构造函数和析构函数是不能被继承下来的。在派生类中,一些特别的初始化和扫尾工作,也需要加入新的构造函数和析构函数。

9.1.3 派生类的定义

在C++中定义派生类的一般格式如下:

class<派生类名>:<继承方式1> <基类名1>,<继承方式2> <基类名2>,…,<继承方式n> <基类名n>
{
<派生类新定义成员>
};

其中,<基类名>是已有的类的名称;<派生类名>是继承原有类的特性而生成的新类的名称。单继承时,只需定义一个基类;多继承时,需同时定义多个基类。

<继承方式>即派生类的访问控制方式,用于控制基类中声明的成员在多大的范围内能被派生类的用户访问。每一个继承方式,只对紧随其后的基类进行限定。继承方式包括3种:公有(public)继承、私有(private)继承和保护(protected)继承。如果不显式地给出继承方式,缺省的类继承方式是私有(private)继承。

<派生类新定义成员>是指除了从基类继承来的所有成员之外,新增加的数据成员和成员函数。在一个派生类中,其成员由两部分构成:一部分是从基类继承得到的,另一部分是自己定义的新成员,所有这些成员仍然分为公有(public)、私有(private)和保护(protected)三种访问属性。其中,从基类继承下来的全部成员构成派生类的基类部分,这部分的私有成员是派生类不能直接访问的,公有成员和保护成员则是派生类可以直接访问的,但是它们在派生类中的访问属性将随着派生类对基类的继承方式而改变。一个派生类的构成如图9-2所示。

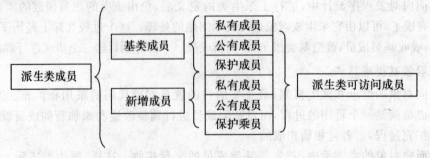

图 9-2

课堂速记

9.2 派生类对基类成员的访问控制

派生类继承了基类的全部数据成员和除了构造、析构函数之外的全部成员函数,但是这些成员在派生类中的访问属性在派生的过程中是可以调整的,继承方式控制了基类中具有不同访问属性的成员在派生类中的访问属性。

基类的成员有公有(public)、私有(private)和保护(protected)三种访问属性,类的继承方式也有公有(public)继承、保护(protected)继承和私有(private)继承三种。不同的继承方式,导致具有不同访问属性的基类成员在派生类中具有新的访问属性。表9-1给出了不同的继承方式修饰符对基类成员访问的影响。

表9-1 继承方式修饰符对基类成员访问的影响

继承方式修饰符	基类成员访问修饰符	基类成员在派生类中的可访问性
private	private	派生类中不可以被访问
	protected	派生类中个变为私有
	public	派生类中变为公有
protected	private	派生类中不可以被访问
	protected	在派生类中变为受保护的
	public	在派生类中变为受保护的
public	private	派生类中不可以被访问
	protected	在派生类中变为受保护的
	public	在派生类中变为公有的

从上表可以看出:

(1)基类中的私有成员在派生类中是隐藏的,只能在基类内部访问。

(2)派生类中的成员不能访问基类中的私有成员,可以访问基类中的公有成员和保护成员。此时派生类对基类中各成员的访问能力与继承方式无关,但继承方式将影响基类成员在派生类中的访问控制属性,基类中公有成员和保护成员在派生类中的访问控制属性将随着继承方式而改变;派生类从基类公有继承时,基类的公有成员和保护成员在派生类中仍然是公有成员和保护成员;派生类从基类私有继承时,基类的公有成员和保护成员在派生类中都改变为私有成员;派生类从基类保护继承时,基类的公有成员在派生类中改变为保护成员,基类的保护成员在派生类中仍为保护成员。

9.2.1 公有继承

当类的继承方式为公有继承时(继承方式修饰符为public),基类中public和protected成员的访问属性在派生类中不变,而基类private成员不可访问。外部使用者只能通过派生类的对象访问继承来的public成员,而无论是派生类成员还是派生类的对象都无法访问基类的private对象。

例9-1的shape类中包含了一个受保护的成员变量name,该变量为指针变量,用于

课堂速记

指向表示当前对象名字的数组；setname()成员函数用于设置对象的名字；getname()成员函数用于返回对象的名字。shape 类中还定义了构造函数和析构函数。

例9—1 公有继承。

```cpp
class shape
{
public：
void setname(char * name);
char * getname();
//下面定义一个构造函数
shape();
//下面定义一个析构函数
~shape();
protected：
char * name;
};
```

例9—2 在构造函数中打印调试信息，并创建一个有 20 个元素的数组。在析构函数中首先打印输入调试信息，然后释放 name 指针指向的内存空间。

```cpp
//shape类的实现代码
char * shape::getname()
{
    return name;
}
void shape::setname(char * name)
{
strcpy(this->name,name);
}
//实现 shape 类的构造函数
    shape::shape()
{
    name＝new char[20];
}
//实现 shape 类的析构函数
shape::~shape()
{
    if(name! ＝NULL)
    {
    delete name;
    name＝NULL;
    }
}
```

例9—3 通过公有继承的方式 shape 类派生出 pointshape 类，该类表示一个点。pointshape 类中新定义了成员变量 x 和 y,用于表示点的坐标；成员函数 equal()用于判断两个点是否相同。由于构造函数不能继承,因此 pointshape 类中定义了自己的构造函数和析构函数。

```
class pointshape：public shape
{
public：
int x;
int y;
bool equal(pointshape ＊ p)
{
return((p－＞x＝＝x)＆＆(p－＞y＝＝y));
}
//下面定义一个构造函数
pointshape();
//下面定义一个析构函数
～pointshape();
};
```

例9－4 用 main 函数创建两个 pointshape 类的对象实例,并通过指针 p1 和指针 p2 指向这两个对象。其运行结果见图9-3。

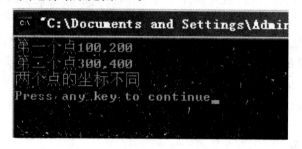

图 9-3

```
void main()
{
    //定义第一个点
    pointshape ＊p1＝new pointshape;
    p1－＞x＝100;
    p1－＞y＝200;
    //通过调用父类中的 setname 函数将第一个点命名为"第一个点"
    p1－＞setname("第一个点");
    //定义第二个点
    pointshape ＊p2＝new pointshape;
    p2－＞x＝300;
    p2－＞y＝400;
    //通过调用父类中的 setname 函数将第一个点命名为"第一个点"
    p2－＞setname("第二个点");
    //通过调用父类中的 getname 函数得到第一个点命和第二个点的名称
    cout＜＜p1－＞getname()＜＜p1－＞x＜＜","＜＜p1－＞y＜＜endl;
```

201

```
cout<<p2->getname()<<p2->x<<","<<p2->y<<endl;
if(p1->equal(p2))
{
cout<<"两个点的坐标相同"<<endl;
}
else
{
cout<<"两个点的坐标不同"<<endl;
}
}
```

在上述一系列例子中,我们首先声明了 shape 类的属性和方法,派生类 pointshape 类继承了类 shape 的全部成员(除构造函数和析构函数外)。因此在派生类 pointshape 类中,这时所拥有的成员就是从基类继承过来的成员与派生类中新加入的成员的总和。继承方式为公有继承,这时,基类中所有的成员在派生类中的访问属性均保持原样。派生类中成员函数及对象无法访问基类的私有成员但可以访问到基类的公有成员和受保护成员。

类 pointshape 集成了类 point 的成员,也就继承了基类的所有属性,实现了代码的重用。同时通过新增数据成员,加入了自身的独有特征,达到了程序的扩充(在 pointshape 类中加入了成员变量 x、y 以及用于判断两个点是否相同的函数 equal()。基类自身的成员函数,可以自由地访问基类自己的全部成员。经过公有派生后,基类的公有成员以公有成员的身份出现在派生类中,因此派生类派生类中也可以对从基类继承来的公有成员和受保护成员进行访问。在派生类 pointshape 中并可以直接使用基类 shape 中的 setname()和 getname()函数对基类的受保护成员变量 name 进行读写操作就是这个原因。

9.2.2 私有继承

当继承方式为私有继承时,基类中的 public 和 protected 成员都以私有成员的方式出现在派生类中,而基类中的 private 成员不可访问,即基类中的 public 和 protected 成员被私有继承方式集成后,作为派生类的私有成员,派生类的其他成员可以直接访问它们,但是在类外无法通过派生类的对象访问。无论是派生类成员还是派生类对象都无法访问从基类继承来的 private 成员。

经过私有继承之后,所有基类的成员都成为派生类的私有成员。如果进一步派生的话,基类的成员就无法再新的派生类中被访问。因此,私有继承之后,基类的成员再也无法在以后的派生类中发挥作用。实际上,相当于终止了基类功能的继续派生。所以一般很少用私有派生。

例 9-5 将例 9-1 中的 shape 类中的成员变量 name 改为 private 类型,将例 9-3 中的 pointshape 类的继承方式改为 private。

```
class shape
{
public:
void setname(char * name);
char * getname();
```

```
//下面定义一个构造函数
shape();
//下面定义一个析构函数
~shape();
private;//将原来的public类型改为private
char * name;
};
//将原来的public的继承方式改为private类型
class pointshape:private shape
{
public:
int x;
int y;
bool equal(pointshape * p);
//下面定义一个构造函数
pointshape();
//下面定义一个析构函数
~pointshape();
};
```

例9-2、例9-4保持不变,即shape类和pointshape类的实现部分不变的。在这种情况下,我们对上述代码在VC++ 6.0中重新编译。则编译器的提示如图9-4所示。

```
C2248: 'setname' : cannot access public member declared in class 'shape'
: see declaration of 'setname'
C2248: 'setname' : cannot access public member declared in class 'shape'
: see declaration of 'setname'
C2248: 'getname' : cannot access public member declared in class 'shape'
: see declaration of 'getname'
C2248: 'getname' : cannot access public member declared in class 'shape'
: see declaration of 'getname'
```

图9-4

这个编译错误的原因就是派生类pointshape继承了point类的成员,因此在派生类中,实际拥有的成员就是基类派生的成员与派生类新定义的成员的总和,继承方式为私有继承。这时基类中的公有成员和保护成员都以私有成员的身份出现在派生类中。派生类的成员和数和对象无法访问基类中的私有成员。派生类的成员仍然可以访问从基类继承来的公有和保护成员,但是在类外部通过派生类的对象根本无法访问到基类的任何成员,因为类的对象是无法访问类的私有成员的。

通过私有派生在pointshape类中setname()和getname()函数称为该类的"私有成员函数"。它可以访问pointshape类的任何成员,但是这两个函数以及在pointshape类中新增加的成员函数equal()都无法访问point类的私有成员变量name。因为经过私有派生后,派生类的成员函数和对象无法访问基类中的私有成员。因此虽然pointshape类可以使用setname()和getname()函数,但是在这两个函数中都用到了基类的私有成员变量name,所以凡是使用到这两个函数之一的语句都会出现如图9-4所示的错误。

课堂速记 ◀

9.2.3 保护继承

在第 8.1.5 节中我们重点强调的是对公有成员和私有成员的访问,这里介绍一下保护成员。保护成员同时具有公有成员和私有成员的特征,派生类对基类的保护成员的访问与对公有成员的访问相同,而派生类的实例对基类的保护成员的访问则与对私有成员的访问相同。因此,为了便于派生类的访问,可以将基类的私有成员中需要提供给派生类访问的成员定义为保护成员。

例 9-6　对保护成员的访问。

```
class propoint
{
    protected:
    int x;
    int y;
};
void main()
{
    propoint a;
    a. x=9;
}
```

例 9-6 在程序编译阶段就会出错,错误的原因在于主函数中的 propoint 类对象试图访问该类的受保护对象 x 和 y,而此时该成员的访问规则与类 propoint 的私有对象相同。在这种情况下,受保护成员和私有数据成员一样得到了很好的隐藏。

如果类 propoint 以 protected 方式派生了 propointB,则在类 propointB 中,类 propoint 保护成员和该类的公有成员一样是可以访问的。例如:

```
class propoint
{
    protected:
    int x;
    int y;
};
class propointB:protected propoint
{
    public:
    void  func();
};
void propointB::func()
{
    x=9;
}
```

在保护继承中,基类 public 和 protected 成员都以 protected 成员的身份出现在派生类中,而基类 private 成员不可访问,即基类的 public 和 protected 成员都被继承下来以后,作为派生类的保护成员。这样派生类中的成员就可以直接访问它们。但是,在类的外部无法通过派生类的对象访问。无论是派生类的成员还是派生类的对象都无法访问基类的 private 成员。

从例 9-6 及继承的访问规则我们看出类中保护成员的特征。如果某类 A 中含有保护成员,对于类 A 的对象来说,保护成员和该类的私有成员一样是不能被直接访问的。如果类 A 派生出子类,则对于该子类来说保护成员与公有成员具有一样的访问特性。换句话说,如果类 A 中的保护成员有可能被它的派生类访问,但决不可能被其他外部使用者访问。这样,合理地利用保护成员,就可以在类的复杂层次关系中为共享访问与成员隐藏之间找到一个平衡点,既能实现成员的隐藏,又能方便继承。

9.3 派生类的构造函数和析构函数

继承的目的是实现代码的重用,只有通过添加新的代码,加入新的功能,类的派生才有意义。因此在建立派生类的实例对象时,不仅要初始化派生类对象的基类成员,还要对派生类的新增成员进行初始化。但是由于基类的构造函数和析构函数不能被继承,在派生类中如果有新增的成员进行初始化,就必须有程序员针对实际需要加入新的构造函数。与此同时,对所有那个基类继承下来的成员的初始化工作,还是由基类的构造函数完成。因此派生类构造函数必须负责调用基类构造函数,并对其所需要的参数进行设置。同样,对派生类对象的清理工作也需要加入新的析构函数。

9.3.1 派生类的构造函数

派生类的数据成员由所有基类的数据成员与派生类新增的数据成员共同组成,如果派生类新增成员中包括其他类的对象(成员对象),派生类的数据成员中实际上还间接包括了这些对象的数据成员。因此,构造派生类的对象时,必须对基类数据成员、新增成员对象的数据成员和新增的其他数据成员进行初始化。派生类的构造函数必须要以合适的初值作为参数,隐含调用基类和新增成员对象的构造函数,用以初始化它们各自的数据成员,然后再对新增的其他数据成员进行初始化。

派生类构造函数的一般格式如下:

派生类名::派生类名(总参数表):基类名 1(参数表 1)…基类名 n(参数表 n),
对象成员名 1(对象成员参数表 1),…,对象成员名 n(对象成员参数表 n)
{
    派生类新增成员初始化语句;
}

派生类的构造函数名与类名相同。在构造函数的参数表中,给出了初始化基类数据、成员对象数据以及新增的其他数据成员所需要的全部参数。在参数表之后,列出需要使用参数进行初始化的基类名、成员对象名以及各自的参数表,各项之间使用逗号分隔。注意对基类成员和新增成员对象的初始化必须在成员初始化列表中进行。

当派生类有多个基类时,处于同一层次的各个基类的构造函数的调用顺序取决于定义派生类时声明的顺序(自左向右),而与在派生类构造函数的成员初始化列表中给出的

顺序无关。如果派生类的基类也是一个派生类，则每个派生类只需负责它的直接基类的构造，依次上溯。当派生类中有多个成员对象时，各个成员对象构造函数的调用顺序也取决于在派生类中定义的顺序（自上而下），而与在派集类构造函数的成员初始化列表中给出的顺序无关。

派生类构造函数的执行顺序一般为：

（1）调用基类的构造函数，调用顺序为它们被继承时声明的顺序（从左向右）。

（2）调用成员对象的构造函数，调用顺序为它们在类中声明时的顺序。

（3）派生类的构造函数体的内容。

派生类的构造函数只有在需要的时候才定义。如果基类定了带有形参表的构造函数，派生类就应当定义构造函数，提供一个将参数传递给基类的构造函数的途径，保证在基类进行初始化时获得必要的数据。因此如果一个基类的构造函数定义了一个或多个参数是就必须定义构造函数。当然如果基类没有定义构造函数，派生类也可以定义构造函数。

如果基类中定义了缺省构造函数或根本没有定义任何一个构造函数（此时由编译器自动生成缺省构造函数）时，在派生类构造函数的定义中可以省略对基类构造函数的调用，即省略"＜基类名＞（＜参数表＞）"。成员对象的情况与基类相同。当所有的基类和成员对象的构造函数都可以省略，并且也可以不在成员初始化列表中对其他数据成员进行初始化时，可以省略派生类构造函数的成员初始化列表。下面我们通过例 9-7 来具体说明派生类构造函数的执行过程。

例 9－7 派生类的构造函数实例。

```cpp
#include <iostream.h>
class baseclass1
{
public:
    baseclass1(int i){b1=i;cout<<"constructor of baseclass1"<<endl;}
    void output(){cout<<b1<<endl;}
private:
int    b1;
};

class baseclass2
{
public:
    baseclass2(int i){b2=i;cout<<"constructor of baseclass2"<<endl;}
    void output(){cout<<b2<<endl;}
private:
int    b2;
};

class baseclass3
{
public:
```

```
    baseclass3(){b3=3;cout<<"constructor of baseclass3"<<endl;}
    void output(){cout<<b3<<endl;}
private:
int   b3;
};


class member
{
public:
    member(int i){m=i;cout<<"constructor of member"<<endl;}
    int getmember(){return m;}
private:
    int m;
};


class newclass:public baseclass1,public baseclass2,public baseclass3
{
public:
    newclass(int i,int j, int k,int l);
    void output();
private:
    int n;
    member mem;
};


newclass::newclass(int i,int j, int k,int l):baseclass1(i),baseclass2(j),mem(k)
{
    n=l;
    cout<<"constructor of newclass"<<endl;
}


void newclass::output()
{
    baseclass1::output();
    baseclass2::output();
    baseclass3::output();
    mem.getmember();
    cout<<n<<endl;
}


void main()
{
```

课堂速记

```
    newclass derived(1,2,3,4);
    derived.output();
}
```

在例9-7中,派生类 newclass 由三个基类 baseclass1、baseclass2 和 baseclass3 公有派生而来,并包含有一个成员对象:member 类的对象 mem。由于基类 baseclass1,baseclass2 以及成员对象 mem 都有带参数的构造函数,因此派生类中必须定义一个构造函数,它负责初始化基类和成员对象。派生类 newclass 的构造函数定义为:

newclass::newclass(int i,int j, int k,int l):baseclass1(i),baseclass2(j),mem(k)

构造函数的参数表中给出了基类及成员对象所需的全部参数,成员初始化列表中分别给定了各个基类及成员对象名和各自的参数,各项之间由逗号分隔。

在成员初始化列表中并没有给出全部的基类。这是由于基类 baseclass3 只有缺省构造函数,不需要给它传递参数,因此在派生类 newcalss 的构造函数中可以省去对它的调用。这时,系统会自动调用该类的缺省构造函数。实际上,如果一个基类同时声明了缺省构造函数和带有参数的构造函数,那么在派生类构造函数的声明中,既可以显式给出基类名和相应的参数,也可以完全不给出基类名,系统会自动调用相应的构造函数。

成员初始化列表中基类名和成员对象名的排列顺序是任意的,但对它们的调用必须遵循以下顺序,即先调用基类的构造函数,再调用成员对象的构造函数,最后执行派生类构造函数体。其中多个基类构造函数的调用顺序按照它们被继承时声明的顺序自左向右进行,多个成员对象的构造函数的调用顺序按照它们在类中声明的顺序自上而下进行。因此在建立派生类 newclass 的对象 derived 时,派生类构造函数的执行顺序是先 baseclass1、baseclass2 和 baseclass3,然后是 Member,最后是 newclass。

因此例9-7的最终运行结果为:

constructor of baseclass1

constructor of baseclass2

constructor of baseclass3

constructor of member

constructor of newclass

1

2

3

4

9.3.2 派生类的析构函数

在派生的过程中,基类的析构函数也不能继承下来,这就需要程序员在派生类中自行定义。派生类的析构函数的定义与没有继承关系的新类中析构函数的定义完全相同,只要在函数体中赋值把派生类新增的非对象成员的清理工作做好就行了,系统会自动调用基类和成员对象的析构函数对基类对象和对象成员进行清理。

析构函数的执行过程与构造函数的执行过程严格相反,即

(1)对派生类新增普通成员进行清理。

(2)调用成员对象析构函数,对派生类新增的成员对象进行清理。

(3)调用基类析构函数,对基类进行清理。

如果在程序中没有显示的定义过某个类的析构函数,系统会自动为该类构造一个默认的析构函数,派生类的基类的析构函数也完全遵循上面所述的规律。

例9—8 派生类中析构函数的调用过程。

```cpp
#include <iostream. h>
#include <string. h>
class shape
{
  public:
  void setname(char * name);
  char * getname();
  //下面定义一个构造函数
  shape();
  //下面定义一个析构函数
  ~shape();
  private:
  char * name;
  };
//shape 类的实现代码
char * shape::getname()
{
  return name;
}

void shape::setname(char * name)
{
  strcpy(this->name,name);
}

//实现 shape 类的构造函数
shape::shape()
{
    cout<<"shape 类的构造函数被调用"<<endl;
    name=new char[20];
}

//实现 shape 类的析构函数
shape::~shape()
{
    cout<<"shape 类的析构函数被调用"<<endl;
  if(name! =NULL)
  {
  cout<<"调用"<<name<<"的析构函数"<<endl;
```

```cpp
        delete name;
        name=NULL;
    }
}


class pointshape:public shape
{
    public:
        int x;
        int y;
        char * name;
        bool equal(pointshape * p);
        //下面定义一个构造函数
        pointshape();
        //下面定义一个析构函数
        ~pointshape();
    };

//pointshape 类的实现代码
bool pointshape::equal(pointshape * p)
{
        return((p->x==x)&&(p->y==y));
}


//实现 pointshape 类的构造函数
pointshape::pointshape()
{
        cout<<"pointshape 类的构造函数被调用"<<endl;
        name=new char[20];


}


//实现 pointshape 类的析构函数
pointshape::~pointshape()
{
    cout<<"pointshape 类的析构函数被调用"<<endl;
}


void main()
{ //定义第一个点
    pointshape * p1=new pointshape;
    p1->x=100;
```

```
        p1->y=200;
        p1->setname("第一个点");

    //定义第二个点
        pointshape  * p2=new pointshape;
        p2->x=300;
        p2->y=400;
        p2->setname("第二个点");

        cout<<p1->getname()<<p1->x<<","<<p1->y<<endl;
        cout<<p2->getname()<<p2->x<<","<<p2->y<<endl;
        if(p1->equal(p2))
        {
            cout<<"两个点的坐标相同"<<endl;
        }
        else
        {
            cout<<"两个点的坐标不同"<<endl;
        }
    //删除创建的对象
        delete p1;
        p1=NULL;
        delete p2;
        p2=NULL;
    }
```

在例9－8中shape类的析构函数～shape()负责清理成员变量name所申请的内存空间。为了能清楚地看到析构函数和构造函数的执行过程,在shape类和pointshape类的构造函数和析构函数中都加入显示本身被调用的语句。例如,析构函数～shape()中的语句"cout<<"shape类的析构函数被调用"<<endl;"。一旦shape类的构造函数被调用,程序将将执行该语句。

例 9－8　的运行结果为:

shape 类的构造函数被调用

pointshape 类的构造函数被调用

shape 类的构造函数被调用

pointshape 类的构造函数被调用

第一个点 100,200

第二个点 300,400

两个点的坐标不同

pointshape 类的析构函数被调用

shape 类的析构函数被调用

调用第一个点的析构函数

pointshape 类的析构函数被调用

课堂速记

shape 类的析构函数被调用

调用第二个点的析构函数

Press any key to continue

例 9−8 中，程序执行时首先调用基类 point 类的构造函数，然后调用 pointshape 类的构造函数。在程序运行到语句"delete p1；"时首先调用派生类 pointshape 类的析构函数然后调用基类 shape 类的析构函数。通过例 9−8 可以清楚地看到构造函数和析构函数的执行过程确实是一个严格相反的过程。

9.4　多继承中的二义性

9.4.1　作用域分辨符

作用域分辨符就是常见的符号"::"，它可以用来限定要访问的成员所在的类的名称。一般的格式为：

　　　　＜对象名＞.＜基类名＞::＜成员名＞

　　　　＜对象名＞.＜基类名＞::＜成员名＞(＜参数表＞)

对于不同的作用域分辨符，可见性原则是：如果存在两个或多个具体有包含关系的作用域，外层声明的标识符如果在内层没有声明同名的标识符，那么在内层仍可见；如果内层声明了同名的标识符，则外层标识符在内层不可见，这时称内层标识符覆盖了外层同名的变量。

在类的派生层次结构中，基类成员和派生类新增的成员都具有类的作用域，二者的作用范围不同，是相互包含的关系，派生类在内层。这时如果派生类定义了一个与某个类成员同名的新成员（如果是成员函数，则参数表也要相同），派生新的成员就覆盖了外层同名的成员，直接使用成员名只能访问到派生类的成员。如果加入作用域分辨符，使用类名限定，就可以访问到基类的同名成员。因此使用作用域分辨符可以解决多继承中的一些二义性问题。

在派生类中对基类成员的访问应该是唯一的。但是，在多继承情况下，可能造成对基类中某个成员的访问出现了不唯一的情况，这时就称对基类成员的访问产生了二义性。产生二义性问题主要有两种情况。第一种情况如下所示，其类结构如图 9-5 所示。

```
class Bl
{
public：
    void fc( );
};
class B2
{
public：
    void fc( );
};
```

```
class Declass:public B1, public B2
{
};
void main()
{
        Declass obj;
        obj . fc( );
    }
```

图 9-5

当派生类 Declass 的对象 obj 访问 fc( )函数时,由于无法确定访问的是基类 B1 中的 fc( )函数,还是基类 B2 中的 fc( )的函数,因此对 fun( )函数的访问将产生二义性。

例 9－9 用作用域分辨符解决多继承中的一种二义性问题。

```
class B1
{
public：
    int a;
    void fc( ){cout<<"this fc is belong to B1"<<endl;}
    void   print(){cout<<a<<endl;}
};
class B2
{
public：
    int a;
    void fc( ){cout<<"this fc is belong to B2"<<endl;}
    void   print(){cout<<a<<endl;}
};
class Declass:public B1, public B2
{
public：
    int a;
    void fc(){cout<<"this fc is belong to Declass"<<endl;}
    void print(){cout<<a<<endl;}
};
void main()
{
    Declass obj;//声明 Declass 类的对象 obj
```

```
    obj. a=1;
    obj. fc();
    obj. print();
    obj. B1::a=2;
    obj. B1::fc();
    obj. B1::print();
    obj. B2::a=3;
    obj. B2::fc();
    obj. B2::print();
}
```

本例中派生类 Declass 从两个基类 B1 和 B2 公有继承,在这 3 个类中都有同名成员 a、fc()和 print()。由于在派生类 Declass 中定义了同名成员 a 和 fc()以及 print(),因此 obj. a 和 obj. fc()以及 obj. print()三条语句访问的是 Declass 类中的成员。obj. B1::a 和 obj. B1::fc()以及 bj. B1::print()采用作用域运算符明确限定了访问的是 B1 类中的成员 a 和 fc()以及 print()。obj. B2::a 和 obj. B2::fc()以及 bj. B2::print()采用作用域运算符明确限定了访问的是 B2 类中的成员 a 和 fc()以及 print()。

产生二义性问题的另外一种情况是当一个派生类由多个基类派生,而这些基类又有一个共同的基类,对该基类中说明的成员进行访问时,可能出现二义性。如下例(例 9-10)所示,其类结构如图 9-6 所示。

例 9—10 对多个基类中的一个共同基类成员访问时出现二义性问题的情况。

```
class bclass
{
public:
    int a;
};
class declass1:public bclass
{
};
class declass2:public bclass
{
};
class declass:public declass1,public declass2
{
};
void main()
{
    declass obj;
    obj. a=3;//产生二义性
```

针对这种情况,同样可以采用上述方法解决二义性问题。但在使用作用域运算符时要注意:由于派生类 declass 的直接基类 declass1 和 declass2 拥有一个共同的基类 bclass,因此。obj. bclass::a 这种限定形式是错误的,它不能指出有效的访问途径。正确的方法是:obj. declass1::a 或 obj. declass2::a。

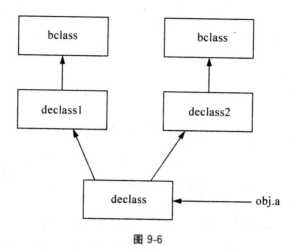

图 9-6

另外,由于二义性原因,一个类不能从同一个类中直接继承一次以上。

例如:class declass:public bclass , public bclass{/ * … * /}是错误的。

由于二义性检查在访问控制权限或类型检查之前进行,因此访问控制权限不同或类型不同不能解决二义性问题。

9.4.2 虚基类

上节中在产生二义性问题的第二种情况中,产生二义性的最主要原因就是基类 bclass 在派生类中产生了两个对象 decalss1 和 declass2,从而导致了对基类 bclass 成员 a 访问的不唯一性。在派生类中,这些同名的成员在内存中拥有多个复件,可以使用作用域分辨符来唯一标识并访问它们。其实要解决这个问题,只要使这个公共的基类 bclass 在派生类中只产生一个子对象即可。虚基类就可以完成这个任务。

虚基类的说明格式如下:

class ＜派生类类名＞:virtual ＜继承方式＞ ＜基类名＞

关键字 virtual 与继承方式的位置无关,但必须位于虚基类名之前,且 virtual 只对紧随其后的基类名起作用。

将例 9－10 改用虚基类解决其二义性问题,代码如下:

```
class bclass
{
    public:
    int a;
};
class declass1:virtual public bclass
{
};
class declass2:virtual public bclass
{
};
class declass:public declass1,public declass2
{
};
```

```
void main()
{
    declass obj;
    obj. a=3;
}
```

在代码中使用虚基类后,类的结构图如图9-7所示。

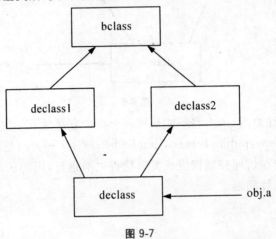

图 9-7

图9-8直观地解释了虚基类与非虚基类的在存储结构上有何不同。在没有使用虚基类的派生过程中,在内存中有两个bclass的复件,它们分别属于declass1和declass2,declass为eclass1和declass2的公有派生类,因此如果在declass中使用到bclass中的变量时,编译器将不能识别该变量是由谁派生而来。使用虚基类后由于在内存中只有一份bclass的代码,因此将不存在这种二义性的问题。

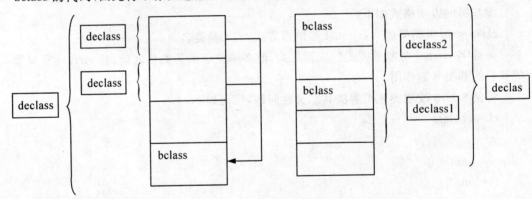

图 9-8

从图9-7中我们知道使用虚基类解决二义性问题的关键是在派生类中只产生一个虚基类子对象。如何使得虚基类在整个类的继承结构中只产生一个虚基类子对象呢?

为初始化派生类子对象,派生类的构造函数要调用基类的构造函数。对于虚基类,由于派生类的对象中只有一个虚基类子对象,所以,在建立派生类的一个对象时,为保证虚基类子对象只被初始化一次,这个虚基类构造函数必须只被调用一次。虽然继承结构的层次可能很深,但要建立的对象所属的类只是这个继承结构中间的某个类,因此将在建立对象时所指定的类称为"最派生类"。虚基类子对象由最派生类的构造函数通过调用虚基类的构造函数进行初始化。所以,最派生类的构造函数的成员初始化列表中必须列出对虚基类构造函数的调用。如果未列出,则表示使用该虚基类的缺省构造函数。

 216

由于最派生类总是相对的,因此,从虚基类直接或间接派生的派生类中的构造函数的成员初始化列表中都要列出对虚基类构造函数的调用。但只有用于建立对象的最派生类的构造函数才调用虚基类的构造函数,此时最派生类的所有基类中列出的对虚基类的构造函数的调用在执行过程中都被忽略,从而保证对虚基类子对象只初始化一次。

当在一个成员初始化列表中同时出现对虚基类和非虚基类构造函数的调用时,虚基类的构造函数先于非虚基类的构造函数执行。

例 9-11 虚基类的使用。

```cpp
#include <iostream.h>
class base
{
public:
    int a;
    void fc(){cout<<"member of base"<<endl;}
};
class base1: virtual public base
{
public:
    int a1;
};
class base2:virtual public base
{
public:
    int a2;
};
class derive: public base1,public base2
{
public:
    int d;
    void fc(){cout<<"member of derive"<<endl;}
};
void main()
{
    derive de;
    de.a=2;
    cout<<de.base::a<<endl;
    cout<<de.base1::a<<endl;
    cout<<de.base2::a<<endl;
    de.fc();
}
```

在例 9-11 的代码中派生说明 base 为虚基类,base1、base2 作为基类共同派生新类 derive。由于在派生过程中使用了虚基类,因此在类 derive 中除了滋生的成员外只有一份 base 类的成员。因此通过语句 de.a=2 直接给类 base 中的变量赋值。由于虚基类在派生过程中只产生一份代码,因此接下来使用域作用符访问该变量 a 时(语句 cout<<de. base1::a<<endl,out<<de. base2::a<<endl;,cout<<de. base::a<<endl)结果都是一样的。在类中对成员函数 fc()进行了重新定义,所以它将覆盖 base 类中的同名函数 fc()。因此例 9-11 的运行结果为:

2

2

2

member of derive

<h2 style="text-align:center">9.5　多　态</h2>

在面向对象语言中,将数据和函数捆绑在一起、进行类的封装、使用一些简单的继承,还不能算是真正应用了面向对象的设计思想。多态允许程序员向一个对象发送消息来完成一系列动作,而不管软件系统是如何实现这些动作的。当相同的动作类型能用不同方式完成不同类型对象的动作时,这种能力变得相当重要。

9.5.1　什么是多态

在现实生活中很容易找到可以称为多态性的例子。例如,现在任何一台计算机都有操作系统而且操作系统的功能是固定不变的,就是管理计算机的软硬件,给用户一个与计算机交互的接口。换句话说,不管计算机品牌和配置方面有多大的不同,进行人机交互的“接口”是不变的,那就是必须通过操作计算机的操作系统。因此只要学会计算机的操作系统,也就学会了操作任何装有该类型操作系统的计算机。再如,与媒体录放有关的设备,如 MP3、摄像机、DVD 机等等,都具有一组相同或类似的控制键用来播放和停止播放等等。这些媒体录放设备的内部结构和实现原理有很大差别,但其操纵方法的基本语意却十分相近,因此可以用统一的接口来操纵它们。

一个面向对象的系统常常要求一组具有相同基本语义的方法能在同一接口下为不同的对象服务,这就是所谓“多态性”(polymorphism),可以概括为“一种接口,多种方法”。“多态性”在软件中也早已存在,如在一般高级语言中,通过“+”操作,既可以完成两个整数相加,也可以完成两个实数的相加,这就是高级语言固有多态性的体现。与传统的面向过程的高级语言(包括 C++的前身 C 语言)相比,C++不但提供了固有的多态性,还提供了实现自定义多态性的手段。多态性可大大简化系统的界面,使得不同的但又具有某种共同属性的对象不但能在一定程度上共享代码,而且还能共享接口,这就大大提高了系统的一致性、灵活性和可维护性。

多态性是通过联编实现的。所谓联编,就是指把一个接口与适当的方法相对应的活动。联编分为两种:如果系统在程序编译时进行联编,称为“静态联编”;如果系统在程序运行时进行联编,则称为“动态联编”。

在 C++中,静态联编通过重载实现,动态联编通过虚函数实现。

9.5.2　运算符重载

函数重载是“函数”一章中已经学习过的内容,但其中没有包含函数重载的另一种特

殊情况:运算符重载。

运算符重载是计算机语言多态性的一种体现,是构成计算机语言的基础之一。例如,在大多数语言中,运算符"+"既表示两数相加,又表示将两个字符串连接在一起。C++进一步拓展了运算符重载的概念:它不但提供固有的重载,而且还提供重载的手段。这样,程序设计者可以进一步重载某个特定的运算符,赋予它新的含义,就像对语言本身进行扩充一样。

理解运算符重载的首要问题是清楚运算符的函数特性。C++把重载的运算符视为特殊的函数,称为"运算符函数"。从这个角度看,运算符重载就是函数重载的一种特殊情况。一个函数描述一个操作,一个运算符也完成一种操作。在C++中,它们是统一的、等价的。

例如,对于运算符"-",表达式 d-c 可以写成 operator-(d,c)。

从第二种形势看出,在C++中,运算符实际上也是函数,只是在描述运算符函数时使用了一个关键字 operator,其他地方与普通的函数调用是一致的。因此,运算符重载实际上就是函数重载。在实现过程中,首先把指定的运算表达式转化为对运算符函数的调用,运算对象转化为运算函数的实参,然后在根据实参的类型确定需要调用的参数,这个过程是在编译过程中完成的。

系统预定义的运算符重载格式为:

    int operator + (int ,int)

    float operator + (double,double)

对于不同类型数据的加法运算,系统会自动选择合适的重载函数。例如,对于 3.4+5.6 系统会选择 float operator + (double,double)进行计算。

"运算符重载"是针对C++中原有运算符进行的,不可能通过重载创造出新的运算符。除了".""."、". *"、"->*"、"::"、"? :"这五个运算符外,其他运算符都可以重载。用户自定义类型的重载运算符,要求能访问对象的私有成员。为此,只能用成员函数或友元函数两种形式定义运算符重载。其格式如下:

(1)将运算符重载为类的成员函数

返回值类型 operator 运算符(参数表){函数体}

(2)将运算符重载为类的友元函数

friend 返回值类型 operator 运算符(参数表){函数体}

注意:operator 为定义运算符重载的关键字,在运算符重载是不能省略。

例 9-12 用成员函数方式将运算符+和-进行重载,实现对平面坐标系上两点间对应坐标的相加和相减操作。

```
#include <iostream. h>
class point
{
private:
        float x;
        float y;
public:
        point(float i=0,float j=0){x=i;y=j;}
        point operator + (point c);
        point operator - (point c);
```

```
        void print(){cout<<"("<<x<<","<<y<<")"<<endl;}
};

point point::operator + (point c)
{
    point temp;
    temp.x=c.x+x ;
    temp.y=c.y+y ;
    return temp;
}

point point::operator - (point c)
{
    point temp;
    temp.x=x-c.x ;
    temp.y=y-c.y ;
    return temp;
}

void main()
{
    point p1(3.5,4.1);
    point p2(6.4,8.6);
    point p;
    p=p1-p2;
    p.print();
    p=p1+p2;
    p.print();
}
```

运算结果为：

(-2.9,-4.5)

(9.9,12.7)

在例9-12中用成员函数方式重载双目运算符时,函数的参数比原来的操作数少一个,因为如果某个对象使用了重载的成员函数,自身的数据可以直接访问,不需要再在参数表中进行传递,少了的操作数就是该成员对象本身。所以,左操作数无需用参数输入,而是用this指针传入。但是当做操作数是常数时,就不能利用this指针了,为此必须用友元函数方式,用由原函数方式重载运算符时,参数的个数与原来操作数相同。

例9-13 用友元函数方式将运算符+和-进行重载,实现对平面坐标系上两点间对应坐标的相加和相减操作。

```
#include <iostream.h>
class point
{
```

```
private：
    float x；
    float y；
public：
    point(float i＝0,float j＝0){x＝i；y＝j；}
    friend point operator ＋ (point c,point d)；
    friend point operator － (point c,point d)；
    void print(){cout<<"("<<x<<","<<y<<")"<<endl；}
};

point operator ＋ (point c,point d)
{
    point temp；
    temp.x＝c.x＋d.x ；
    temp.y＝c.y＋d.y ；
    return temp；
}

point operator － (point c,point d)
{
    point temp；
    temp.x＝c.x－d.x ；
    temp.y＝c.y－d.y ；
    return temp；
}

void main()
{
    point p1(3.5,4.1)；
    point p2(6.4,8.6)；
    point p；
    p＝p1－p2；
    p.print()；
    p＝p1＋p2；
    p.print()；
}
```

运行结果同例9－12。

9.5.3 虚函数

在某基类的 protected 或 public 成员函数前面加上 virtual 关键字，即把该函数声明为虚函数。虚函数可以是另一个类的友元函数但不能是静态成员函数。虚函数可以在派生类中重新定义。一个指向基类的指针可以用来指向任何派生类对象中从基类继承来的成员。这是 C++实现多态性的关键。当在基类中把某函数定义为虚基类后,使用基类类型的指针就可以访问该指针正在指向的派生类中的同名函数,从而实现运行过程中的多态。

虚函数在派生类被重定义后,重定义的函数仍然是一个虚函数,可以在其派生类中再次被重定义。注意,对于虚函数的重定义函数,无论是否用 virtual 修饰都是虚函数。当然,最好不要省略 virtual 修饰,以免削弱程序的可读性。

基类中的实函数也可以在派生类中重定义,但重定义的函数仍然是实函数。在实函数的情况下,通过基类指针(或引用)所调用的只能是基类的那个函数版本,无法调用到派生类中的重定义函数。也就是说,尽管调用的语法形式可能是相同的,但对实函数的任何形式的调用都是非多态的。注意,无论是虚函数还是实函数,在派生类中被重定义后,原来的函数版本即被隐藏。在通过成员访问运算符"."直接调用该函数时,所调用的是重定义版本,但原来的版本依然存在,仍然可以通过在函数名前加域修饰(即<类名>::)来调用它们。

定义虚函数的格式为:

    virtual 返回值类型 函数名(参数表)

例 9—14 实函数中的调用。

```cpp
#include <iostream.h>
class point
{
private:
    float x;
    float y;
public:
    point(){}
    point(float i,float j)
    {
        x=i;
        y=j;
    }
    float area()
    {
        return 0;
    }
};

class rect: public point
{
    private:
        float a,b;
    public:
        rect(float n,float m)
```

课堂速记

```
    {
        a＝n;
        b＝m;
    }
    float area()
    {
        return a * b;
    }
};


void main()
{
    point  * p;
    rect rec(2.5,3.6);
    p＝&rec;
    cout<<p->area()<<endl;
}
```

在例9-14中rect类由point类公有继承而来,并重写了基类的函数area()。在主函数中定义了一个基类point类的指针,它指向了rect类对象rec,并调用函数area()。由于在基类中的实函数也可以在派生类中重定义,但重定义的函数仍然是实函数。在实函数的情况下,通过基类指针(或引用)所调用的只能是基类的那个函数版本,无法调用到派生类中的重定义函数。因此实际上指针p指向的是基类中的函数area()。所以例9-14的运行结果为"0"。

为了使指针p能指向派生类中的函数area(),我们用虚函数的方式把例9-14改写为例9-15。

例9-15 用虚函数的方式改写例9-14。

```
#include <iostream.h>
class point
{
    private:
        float x;
        float y;
    public:
        point(){}
        point(float i,float j)
    {
        x=i;
        y=j;
    }
    virtual float area()//将函数area()定义为虚函数。
    {
        return 0;
```

课堂速记

```
        }
    };

    class rect: public point
    {
    private:
            float a,b;
    public :
        rect(float n,float m)
        {
            a=n;
            b=m;
        }
        float area()
        {
            return a*b;
        }
    };

    void main()
    {
        point *p;
        rect rec(2.5,3.6);
        p=&rec;
        cout<<p->area()<<endl;
    }
```

在例9-15中我们把基类 point 中的函数 area()定义为虚函数,在派生类 rect 中我们把函数 area()重新定义。根据虚函数的特点,point 类的指针 p 此时指向的是派生类中的 area 函数。因此例9-15的运行结果为"9",即派生类中2.5乘以3.6的积。

使用虚函数是应注意以下几点:

(1)在积累中,用关键字 virtual 可以将 public 和 protected 类的成员函数声明为虚函数。

(2)虚函数的声明只能出现在类定义中的函数原型声明中,而不能在成员的函数体实现。如果派生类没有对基类中的虚函数进行重定义,则继承基类的虚函数。

(3)类的成员函数才可以是虚函数,构造函数不能是虚函数。

9.5.4　纯虚函数和抽象类

某些情况下基类无法确定或不能完全确定一个虚函数的具体操作方式或内容,只能靠派生类提供各个具体的版本。基类中的这种只能靠派生类提供重定义版本的虚函数称为"纯虚函数"。纯虚函数的声明格式为:

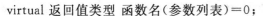

virtual 返回值类型 函数名(参数列表)＝0；

纯虚函数在声明格式上与一般的虚函数的区别就是在于后面增加了"＝0"。一个函数声明为纯虚函数后,基类中不再给出函数的实现部分。纯虚函数的函数体有派生类给出,所以一纯虚函数是不能被直接调用的,仅起到了提供一个与派生类一致的接口。

包含纯虚函数的类称为"抽象类"。抽象类的作用主要是通过它为一个类建立一个公共的接口,使它们能够更有效地发挥多态性。一个抽象类只能作为基类来派生新类,不能生成抽象类的对象,但可定义一个指向抽象类的指针。

纯虚函数不能被继承。当积累为抽象类时,在派生类中必须给出基类中纯虚函数的定义,或在该类中声明为纯虚函数。只有在派生类中给出基类中所有的纯虚函数实现时,该派生类才不再是纯虚类。

例 9－16 纯虚函数的使用。

```cpp
#include <iostream.h>
class point
{
public：
    virtual float area()＝0；
    virtual void print()＝0；
};

class rect：public point
{
private：
        float a,b；
public ：
    rect(float n,float m)
    {
      a＝n；
      b＝m；
    }
    float area()
    {
    return a * b；
    }
    void print(){cout<<"长方形的面积是:"<<area()<<endl；}
};

void main()
{
    point * p；
    p＝new rect(2.5,3.6)；
    p－>print()；
}
```

课堂速记

在例 9－16 中 point 类中含有两个纯虚函数 print()和 aera()，因此 point 类为抽象类。在派生类 rect 中重新定义了基类中干的虚函数。其运行结果为"长方形的面积是:9"。

课后延伸

本章重点是掌握单一继承、多重继承、二义性和虚基类的概念；掌握派生类的访问权限；理解在继承机制下子类和基类构造函数与析构函数的调用顺序；理解二义性及其支配规则，熟练运用作用域分辨符；理解为什么引入虚基类，掌握虚基类的概念、构造和使用。

对于第一次接触这些概念的同学必须要上机多做练习。学完本章内容后，可以阅读相关内容的书籍，以巩固所学知识和拓展知识面。

李普曼.C＋＋Primer 中文版[M].北京:人民邮电出版社，2006.

闯关考验

一、选择题

1.以下对派生类的描述中不正确的是(　　　)。

A.一个派生类可以作另一个派生类的基类

B.一个派生类可以有多个基类

C.具有继承关系时,基类成员在派生类中的访问权限不变

D.派生类的构造函数与基类的构造函数有成员初始化参数传递关系

2.若要用派生类的对象访问基类的保护成员,以下观点正确的是(　　　)。

A.不可能实现

B.可采用保护继承

C.可采用私有继承

D.可采用公有继承

3.设有基类定义:

```
class base
{    private：int a;
     protected：int b;
     public：int c;
};
```

派生类采用何种继承方式可以使成员变量 c 能被派生类的对象访问的是(　　　)。

A.私有继承

B.保护继承

C.公有继承

D.私有、保护、公有均可

4.以下关于私有和保护成员的叙述中,不正确的是(　　)。

A.私有成员不能被外界引用,保护成员可以

B.私有成员不能被派生类引用,保护成员在公有继承下可以

C.私有成员不能被派生类引用,保护成员在保护继承下可以

D.私有成员不能被派生类引用,保护成员在私有继承下可以

5.下列对派生类的描述中,错误的是(　　)。

A.一个派生类可以作为另一个派生类的基类

B.派生类至少有一个基类

C.派生类的成员除了它自己的成员外,还包含了它的基类成员

D.派生类中继承的基类成员的访问权限到派生类保持不变

6.派生类的对象对它的哪一类基类成员是可以访问的(　　)。

A.公有继承的基类的公有成员

B.公有继承的基类的保护成员

C.公有继承的基类的私有成员

D.保护继承的基类的公有成员

7.关于多继承二义性的描述,错误的是(　　)。

A.派生类的多个基类中存在同名成员时,派生类对这个成员访问可能出现二义性

B.一个派生类是从具有共同的间接基类的两个基类派生来的,派生类对该公共基类
的访问可能出现二义性

C.解决二义性最常用的方法是作用域运算符对成员进行限定

D.派生类和它的基类中出现同名函数时,将可能出现二义性

8.多继承派生类构造函数构造对象时,最先被调用是(　　)。

A.派生类自己的构造函数

B.虚基类的构造函数

C.非虚基类的构造函数

D.派生类中子对象类的构造函数

9.C++类体系中,能被派生类继承的是(　　)。

A.构造函数

B.虚函数

C.析构函数

D.友元函数

10.下述静态成员的特性中,错误的是(　　)。

A.静态成员函数不能利用 this 指针

B.静态数据成员要在类体外进行初始化

C.引用静态数据成员时,要在静态数据成员名前加<类名>和作用域运算符

D.静态数据成员不是所有对象所共有的

二、填空题

1.生成一个派生类对象时,先调用_____的构造函数,然后调用_____的构造
函数。

2.继承发生在利用现有类派生新类时,其中_____称为基类,或_____类;

课堂速记

_____称为派生类,或_____类。

3.在公有继承关系下,派生类的对象可以访问基类中的_____成员,派生类的成员函数可以访问基类中的_____成员。

4.在保护继承关系下,基类的公有成员和保护成员将成为派生类中的_____成员,它们只能由派生类的_____来访问;基类的私有成员将成为派生类中的_____成员。

5.利用成员函数对二元运算符重载,其左操作数为_____,右操作数为_____。

三、编程题

1.定义一个国家基类 Country,包含国名、首都、人口等属性,派生出省类 Province,增加省会城市、人口数量属性。

2.定义一个车基类 Vehicle,含私有成员 speed、weight。派生出自行车类 Bicycle,增加 high 成员;汽车类 Car,增加 seatnum 成员。从 Bicycle 和 Car 中派生出摩托车类 Motocycle。

3.定义一个基类有姓名、性别、年龄,再由基类派生出教师类和学生类,教师类增加工号、职称和工资,学生类增加学号、班级、专业和入学成绩。

4.实现重载函数 Double(x),返回值为输入参数的两倍,参数分别为整型、浮点型、双精度型,返回值类型与参数一样。

5.声明一个哺乳动物 Mammal 类,再由此派生出狗 Dog 类,二者都定义 Speak( )成员函数,基类中定义为虚函数。声明一个 Dog 类的对象,调用 Speak( )函数,观察运行结果。

课堂速记

附录 标准 ASCII 码表

ASCⅡ值	控制字符	ASCII 值	字符	ASCII 值	字符	ASCII值	字符
000	NULL	032	space	064	@	096	`
001	SOH	033	!	065	A	097	a
002	STX	034	"	066	B	098	b
003	ETX	035	♯	067	C	099	c
004	EOT	036	MYM	068	D	100	d
005	ENQ	037	％	069	E	101	e
006	ACK	038	&	070	F	102	f
007	BEL	039	'	071	G	103	g
008	BS	040	(	072	H	104	h
009	HT	041	)	073	I	105	i
010	LF	042	*	074	J	106	j
011	VT	043	＋	075	K	107	k
012	FF	044	,	076	L	108	l
013	CR	045	─	077	M	109	m
014	SO	046	.	078	N	110	n
015	SI	047	/	079	O	111	o
016	DLE	048	0	080	P	112	p
017	DC1	049	1	081	Q	113	q
018	DC2	050	2	082	R	114	r
019	DC3	051	3	083	S	115	s
020	DC4	052	4	084	T	116	t
021	NAK	053	5	085	U	117	u
022	SYN	054	6	086	V	118	v
023	ETB	055	7	087	W	119	w
024	CAN	056	8	088	X	120	x
025	EM	057	9	089	Y	121	y
026	SUB	058	:	090	Z	122	z
027	ESC	059	;	091	[	123	{
028	FS	060	＜	092	\	124	|
029	GS	061	＝	093	]	125	}
030	RS	062	＞	094	^	126	～
031	US	063	?	095	_	127	del

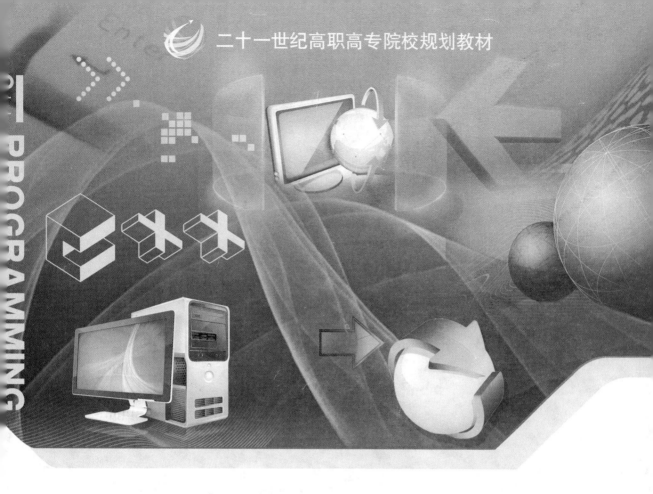

二十一世纪高职高专院校规划教材

C++
程序设计

◆ 基础强化，实训突出
◆ 案例典型，任务驱动
◆ 体例新颖，知识图解

（实训）

主　编◉姜清超　　冯素琴　　程晓广
副主编◉张东梅　　付红雷
编　者◉李会刚　　赵　滨　　叶永飞　　唐爱东
　　　　张春娣　　刘克冰　　张惠斌

哈尔滨工业大学出版社
HARBIN INSTITUTE OF TECHNOLOGY PRESS

CONTENTS 目 录

实训一 Visual C++ 6.0 开发环境应用入门

【主要知识点】

1. 注释：注释是写程序者为读程序者作的说明与注解，仅供人阅读程序使用，C++编译器把所有注释都视为空白。

2. 编译预处理：每个以符号"#"开头的行，称为"编译预处理行"。

3. 程序主体：C++用函数组织过程，函数定义是 C++程序的主体，不同的程序由不同的函数按层次结构组织而成。

程序的基本形式：

```
main( )
{
    …      //语句序列
}
```

程序中的每一个语句应以";"结束。并且可以根据需要，在程序的前边或中间的任何位置插入以"#"打头的编译预处理命令。为了便于阅读程序，还可以在程序的任何位置插入以"//"打头的注释。

程序的基本输入、输出语句为：

cin>>…;

cout<<…;

">>"、"<<"分别称为输入、输出运算符，cin、cout 分别表示标准输入、输出设备——键盘、显示器等，"…"是输入、输出的内容，称为输入、输出表达式。

开发一个 C++程序，首先熟悉所使用的编程环境，将源程序由键盘输入到计算机内并进行在线修改，并以文件形式(.cpp)保存到磁盘中，该过程称为"编辑"。一个源程序可以分放在几个不同文件中；然后进行编译，作用是将源程序文件翻译成二进制的目标代码文件(.obj)，编译前先要使用编译预处理器，对源文件进行预处理；接着被编译的目标文件要进行连接，将编译得到的各目标文件及需要系统提供的文件组成一个具有绝对地址的可执行文件(.exe)。运行可执行文件便可得到结果。

一、实训目的

1. 了解 C++语言的程序结构。

2. 了解 C++语言的语法规则。

3. 熟悉 VC++ 6.0 集成开发环境。

4. 熟练掌握 C++程序的编译和运行，掌握基本的调试方法。

二、实训任务

使用 Visual C++来建立一个非图形化的标准 C++程序,编译、运行教材第 1 章中例 1-1,即以下程序:

```cpp
#include <iostream.h>
int max(int a,int b);
void main()
{
int x,y, temp;
cout<<"Hello C++!"<<endl;
cout <<"Enter two numbers:\n"<<endl;
cin>>x;
cin>>y;
cout<<"您输入的整数是:";
cout <<x<<",";
cout<<y<<endl;
temp=max(x,y);
cout<<"The max is:"<<temp<<"\n"<<endl;
};
int max(int a,int b)
{ int c ;
  if (a>b)c=a;
  else c=b;
  return c;
}
```

三、实训步骤

1. 打开 VC++ 6.0 继承开发环境

从"开始"->"程序"->"Microsoft Visual Studio 6.0"->"Microsof Visual C++ 6.0",显示 Visual C++ 6.0 开发环境窗口。

2. 建立工程文件

(1)单击文件菜单中的"新建"选项,显示"新建"对话框,如图 1-1 所示。

(2)单击"工程"标签,在"工程"选项卡中,选择"Win32 Console Application(Win32 控制台应用程序)"。在位置文本框中指定一个路径,在工程名称文本框中为项目输入一个名字"test_1",单击 OK 按钮。

(3)在弹出的"Win32 Console Application—Step 1 of 1"对话框中选择"An Empty Project(一个空工程)"选项,然后单击"Finish(完成)"按钮,如图 1-2 所示。

图 1-1 "New"对话框

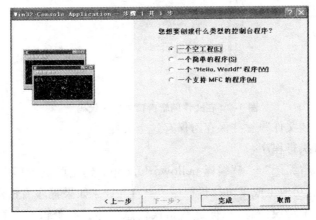

图 1-2 创建控制台应用程序第一步

（4）最后在"New Project Information"对话框中单击 OK 按钮，完成项目的建立。

3. 建立 C++源程序文件

（1）选择菜单命令"工程（Project）"－＞"添加工程（Add to Project）"－＞"新建（New）"，弹出"New"对话框如图 1-3 所示。

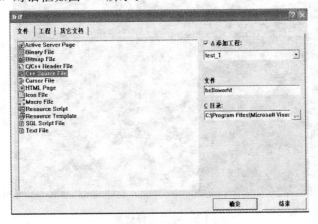

图 1-3 创建控制台应用程序第一步

（2）在"New"对话框的"Files"选项卡中选择"C＋＋Source File"，并填人文件名称"helloworld"，单击 OK 按钮，完成新建 C＋＋源程序文件。

4. 编辑 C＋＋源程序文件内容

（1）在文件编辑窗口中输入代码（图 1-4）。

图 1-4 在文件编辑窗口中输入代码

（2）选择菜单命令"文件"－＞"保存"，保存这个文件。

5. 建立并运行可执行程序

（1）选择菜单命令"编译"－＞"编译 helloworld. cpp"，建立可执行程序。如果你正确输入了源程序，此时便成功地生成了可执行程序 test_1. exe。如果程序有语法错误，则屏幕下方的状态窗口中会显示错误信息，根据这些错误信息程序进行修改后，重新选择菜单命令"编译"－＞"编译 helloworld. cpp"建立可执行程序。

（2）选择菜单命令"编译"－＞执行"test_1. exe"运行程序，观察屏幕的显示内容。结果如图 1－5 所示。

图 1-5 程序运行结果

6.关闭工作空间

运行结束后,选择菜单命令"文件"-＞"关闭工作区"命令,关闭当前工作空间。选择"文件"-＞"退出"命令,退出 VC++6.0 集成开发环境。

四、实训要求

1.整理上机步骤,总结经验和体会。

2.完成实训报告和上交程序。

实训二　简单C++程序的运行

【主要知识点】

1.熟悉 C++程序的开发过程。

2.C++的数据类型

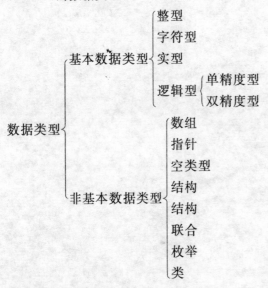

3.常量与变量

实型常量：带有小数点的数，即 float、double 等。

整型常量：不带小数点的数，即 int、long int 等。

字符型常量：用单引号括起来的一个或多个字符，如 'A'。

字符串常量：是扩在一对双引号内的字符序列，如"hello"。

变量具有以下特点：

(1)变量时指程序中使用的一个被命名的存储区域(称为"程序实体")，用以存放程序可修改的值，其名称为变量名，其值称为变量值。

(2)每个变量应属于一个特定的类型。

(3)符号常量：在声明语句中，用 const 修饰的标识符将指向一个只读的"程序实体"，称为符号常量，如语句：const float PI＝3.1415926。

一、实训目的

1.熟悉 VC++的集成开发环境。

2.熟练掌握在 VC++ 6.0 中输入、编译、运行 C++程序的过程。

3.掌握各种运算符的输入，即运算表达式的输入方法。

二、实训任务

1. 在屏幕上输出字符串 I love C++。
2. 编写程序完成变量 x 和变量 y 值的交换,调试程序并观察运行结果。
3. 计算表达式 $\dfrac{(x+1)(x-1)}{x+z}$ 的值。

三、实训步骤

1. 在代码编辑区输入如下代码:

```
＃include <iostream. h>
void main()
{cout<<"I love C++t"<<endl;}
```

编辑、编译、连接和运行的过程参见实训一。

2. (1)分析:要交换变量 a 和变量 b 的值,需使用临时变量 t 才能在进行。

一个完整的参考程序如下:

```
＃include<iostream. h>
void main()
{int a,b,t
  cout<<"a,b= ";
  cin>>a>>b;
  cout<<"输入的 a="<<a<<" b="<<b<<endl;
  t=a;
  a=b;
  b=t;
  cout<<"输出的 a="<<a<<" b="<<b <<endl;
}
```

(2)上机调试

在键盘上分别按如下格式输入两组数据:

6,9(回车)

7,4(回车)

观察程序运行结果。

3. (1)分析

$\dfrac{(x+1)(x-1)}{x+z}$ 表达式的值不一定为整数,故程序中变量的类型应采用实型。

参考程序如下:

```
＃include<iostream. h>
void main()
{ float x,y,z,e,f ,w;              //1
```

```
    cout<<"x,y,z= "<<endl;
    cin>>x>>y>>z;
    e= (x+1)*(y-1);                //2
    f=x+y;                         //3
    w=e/f;                         //4
    cout<<"w="<<w<<endl;
}
```

（2）上机调试

输入 x=3.6,y=7.1,z=9.7,观察程序运行结果。

将程序中 1 行改为"int x,y,z,e,f,w;",输入 x=5.4,y=3.1,z=2.7,观察程序运行结果。

将程序中 1 行改为"float x,y,z,w;",2、3、4 行改为"w=(x+1)*(y-1)/x+y;",观察程序运行结果。

四、实训要求

1.结合上课内容,写出程序,并调试程序,要给出测试数据和实训结果。

2.整理上机步骤,总结经验和体会,完成实训报告和上交源程序。

# 实训三 流程控制及程序调试

【主要知识点】

C++语句可以分为以下5类：

(1)表达式语句：由一个表达式构成一个语句。最典型的是，由赋值表达式构成一个赋值语句。如"a=5;"。

(2)声明语句：一个名字在使用之前必须先声明，以便建立名字与程序实体之间的映射关系。按声明的程序实体结构对象声明语句可以分为：声明变量、声明函数和声明对象。按产生不产生程序实体，声明语句可分为定义性与引用性两种。

(3)空语句：只有一个分号的语句称为"空语句"。主要用于语法上要求有一条语句但实际没有任何操作可执行的场合。

(4)块语句：也称为复合语句或分程序，是括在一对花括号之间的语句序列。在语法上它相当于一条语句，只是在花括号外不再写分号。块语句主要在两种情形下使用：语法要求一条语句，但又难以只用一条简单语句表达的情形；形成局部化的封装体。

(5)流程控制语句

①条件语句：if()－else

②循环语句：for()

③循环语句：while()

④循环语句：do－while()

⑤结束本次循环语句：continue

⑥终止执行 switch 或循环语句：break

⑦多分支选择语句：switch(){case1;case2…;default;}

⑧从函数返回语句：return

一、实训目的

1.熟练掌握 if 语句的结构及应用。

2.熟练掌握 switch 语句的结构及应用。

3.熟练掌握三种循环语句：while 循环、do－while 循环和 for 循环。

4.会正确使用 break 语句和 continue 语句。

5.根据实际问题能选择合适的结构。

6.学会使用VC++ 6.0 开发环境中的 debug 调试功能：单步执行、设置断点、观察变量值。

二、实训任务

1.自然数 1～100 之和。程序正确运行之后，去掉源程序中 #include 语句，重新编译，

观察会有什么问题。

2. 将 for 语句用 while 语句代替,完成相同的功能。

3. 编程计算图形的面积。程序可计算圆形、长方形、正方形的面积,运行时先提示用户选择图形的类型,然后,对圆形要求用户输入半径值,对长方形要求用户输入长和宽的值,对正方形要求用户输入边长的值,计算出面积的值后将其显示出来。

4. 使用 debug 调试功能观察任务 3 程序运行中变量值的变化情况。

5. 编程输出如下图形:

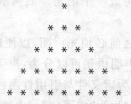

6. 输入一行字符,分别统计其中的英文大写字母,小写字母、数字字符和其他字符的个数。

7. 编程按分段统计学生成绩,输入为负数时结束。要求按 90~100、80~89、70~79、60~69、60 以下五档分别统计各分数段人数(用 if 语句和 switch 语句编写程序)。

三、实训步骤

1. 建立一个控制台应用程序项目 test3_1,向其中添加一个 C++源文件 lj. cpp。(方法见实训 1),输入以下代码:

```
#include <iostream. h>
void main()
{
int sum=0;
int i=1;
while(i<=100)
    {
    sum=sum+i;
    ++i;
    }
cout<<sum<<endl;
}
```

2. 程序正确运行之后,在源程序第一行"#include<iostteam. h>"前面加注释标记"//"使之成为注释行,重新编译,此时,编译器会输出类似于图 3-1 内容的提示。

这是因为 C++语言本身没有输入/输出语句,只是 C++编译系统带有一个面向对象的 I/O 软件包,即 I/O 流类库。cout 和 cin 都是这个类库预定义的流对象,#include<iostream. h>指示编译器在对程序进行预处理时,将头文件 iostream. h 中的代

```
---Configuration: test3_1 - Win32 Debug---
Compiling...
lj.cpp
c:\program files\microsoft visual studio\myprojects\test3_1\lj.cpp(11) : error C2065: 'cout' : undeclared identifier
c:\program files\microsoft visual studio\myprojects\test3_1\lj.cpp(11) : error C2065: 'endl' : undeclared identifier
c:\program files\microsoft visual studio\myprojects\test3_1\lj.cpp(11) : warning C4552: '<<' : operator has no effect; expect
Error executing cl.exe.

lj.obj - 2 error(s), 1 warning(s)
```

图 3-1 编译提示

码嵌入到该程序中该指令所在的地方,文件 iostream. h 中声明了程序所需要的输入和输出操作的有关信息,在 C++程序中如果使用了系统中提供的一些功能,就必须嵌入相关的头文件,否则,系统无法找到实现这些功能的代码。现在,删除注释标记,将程序恢复正确。

3. 另建立一个项目 test3_2,包含一个 C++源程序 lj2. cpp,将 while 语句用 for 语句代替,完成与实训任务 1 相同的功能。

4. 建立项目 lab2_3,计算图形的面积。圆形的面积计算公式为 S=PI * r * r,长方形的面积计算公式为 S=a * b,正方形的面积计算公式为 S=a * a。程序中定义一个整型变量 iType 表示图形的类型,用 cout 语句输出提示信息让用户选择图形的类型,用 cin 读入 iType 的值,然后,使用 switch 语句判断图形的类型,分别提示用户输入需要的参数值,计算出面积的值后用 cout 语句显示出来。最后,编译运行程序。

5. 学习简单的 debug 调试功能,参考程序如下:

```
//lab2_3.cpp
#include<iostream. h>
const float PI=3. 1416
void main()
{
int iType;
float radius a,b,area;
cout<<"图形的类型为? (1 为圆形,2 为长方形,3 为正方形):";
cin>>iType;
switch(iType)
{
case 1:
cout<<"圆的半径为:";
cin>>radius;
area=PI * radius * radius;
cout<<"面积为:"<<area<<endl;
break;
case 2:
cout<<"矩形的长为:";
cin>>a;
```

```
cout<<"矩形的宽为：";
cin>>b;
area＝a＊b；
cout<<"面积为："<<area<<endl；
break：
case 3：
cout<<"正方形的边长为：";
cin>>a；
area＝a＊a；
cout<<"面积为："<<area<<endl；
break；
default：
cout<<"不是合法的输入值！"<<endl；
}
}
```

一个程序,特别是大型程序,编写完成后往往会存在这样或那样的错误。有些错误在编译连接阶段可以由编译系统发现并指出(如步骤 2 所示),称为"语法错误"。当修改完语法错误生成了可执行程序后,并不意味着程序已经正确。我们常常会发现程序运行的结果与我们预期的结果相去甚远,有时甚至在运行过程中程序中止或发生死机,这种错误称为"运行错误",是因为算法设计不当或编程实现时的疏忽造成的。所谓调试就是指在发现了程序运行错误以后,寻找错误的原因和位置并排除错误。这一工作是非常困难的,对于初学者而言尤其如此。

虽然编译系统不能像对待语法错误那样,明确指出运行错误的原因和位置,但大多数开发环境都为我们提供了辅助调试工具,可以实现单步运行、设置断点、观察变量和表达式的值等功能,使我们可以跟踪程序的执行流程,观察不同时刻变量值的变化状况。

(1)首先在第 10 行处设置调试断点。用鼠标右键单击源程序第 10 行左边的空白处,出现一个菜单,如图 3-2 所示。

(2)选择"Insert"→"Remove Breakpoint"选项,可看到左边的边框上出现了一个褐色的圆点,这代表已经在这里设置了一个断点。

所谓断点就是程序运行时的暂停点,程序运行到断点处便暂停,这样我们就可以观察程序的执行流程,以及执行到断点处时有关变量的值。

(3)然后选择菜单命令"Build"→"Start Debug"→"Go",或按下快捷键 F5,系统进入 De-bug(调试)状态,程序开始运行,一个 DOS 窗口出现,此时,Visual Studio 的外观如图 3—3 所示,程序暂停在断点处。

(4)单步执行:从"Debug"菜单或 Debug 工具栏中单击"Step Over"选项或按钮两次。在程序运行的 DOS 窗口中输入选择的图形类型,例如,输入 3,代表正方形,这时,N 到 Visual Studio 中,把鼠标放在变量名 iType 上片刻,可看到出现了一个提示:iType—3。此时,在

图 3-2 设置调试断点

Variables 窗口中也可看到 iType 以及其他变量的值。

单步执行时每次执行一行语句,便于跟踪程序的执行流程。因此为了调试方便,需要单步执行的语句不要与其他语句写在一行中。

(5)在 Wateh 窗口中,在 Name 栏中输入 iType,按回车键,可看到 Value 栏中出现 3,这是变量 iType 现在的值(如果没看到 Variables 窗口或 Watch 窗口,可通过"View"菜单的"Debug Windows 1 Variables"或"Debug Windows"→"Watch"选项打开它们)。图 3-3 是此时 Variables 窗口和 Watch 窗口的状态。

(6)继续执行程序,参照上述的方法,再试试 Debug 菜单栏中别的菜单项,熟悉(调试)状态,程序开始运行,一个 DOS 窗口出现,此时,Visual Studio 的外观如图 3-3 所示,程序暂停在断点处。

图 3-3 程序暂停在断点

四、实训要求

1.结合上课内容,写出程序,并调试程序,要给出测试数据和实训结果。

2.整理上机步骤,总结经验和体会。

3.完成实训报告和上交程序。

实训四　数组的使用

【主要知识点】

1. 数组定义:类型数组名[大小]。

2. 下标是数组元素到数组开始的偏移量。在方括号内使用变量名是非法的。表达式必须能计算出某个常数值,以便编译程序知道为该数组保留多大的存储空间。

3. 数组初始化:数组可以初始化,即在定义时使它包含程序马上能使用的值,初始化表达式按元素顺序依次写在一对花括号内。值的个数不能多于数组元素的个数。

4. 数组引用:定义了数组,就可以对数组中的元素进行引用。引用方式为:

数组名[下标]

一、实训目的

1. 掌握一维数组、二维数组的应用。

2. 掌握字符数组的应用。

3. 掌握常用字符处理函数的应用。

4. 掌握数组相关的常用算法。

二、实训任务

1. 把有 10 个整数元素的数组用冒泡排序法按由小到大升序排列。

2. 调试程序实现 B＝A＋A′,即把矩阵 A 加上 A 的转置,存放在 B 中返回 main 函数。

3. 判断程序的输出结果。

三、实训步骤

1. 把有 10 个整数元素的数组用冒泡排序法按由小到大升序排列。

代码如下:

```
#include<iostream. h>
void bubble(int[],int);
void main()
{
int array[]={55,2,6,4,32,12,9,73,26,37};
int len=sizeof(array)/sizeof(int);//元素个数
for(int i=0;i<len;i++)//原始顺序输出
cout<<array[i]<<",";
cout<<endl<<endl;
```

```
bubble(array,len);//调用排序函数
}
void bubble(int a[],int size)//冒泡排序
{
int i,temp;
for(int pass=1;pass<size;pass++)//共比较 size-1 轮
{
for(i=0;i<size-pass;i++)//比较一轮
if(a[i]>a[i+1])
{
temp=a[i];a[i]=a[i+1];a[i+1]=temp;
}
for(i=0;i<size;i++)
cout<<a[i]<<",";
cout<<endl;
}
}
```

2. 调试程序实现 B＝A＋A′，即把矩阵 A 加上 A 的转置，存放在 B 中返回 main()函数分析。

例如：

输入下面矩阵：其转置矩阵为：程序输出：

1 2 3	1 4 7	2 6 10
4 5 6	2 5 8	6 10 14
7 8 9	3 6 9	10 14 18

核心程序如下：

```
#include<iostream. h>
main()
{
int a[3][3]={{1,2,3},{4,5,6},{7,8,9}},t[3][3];
int i,j;
fun(a,t);
for(i=0;i<3;i++)
{for(j=0;j<3;j++)
cout<<t[i][j]<<endl;
}
}
void fun(int a[3][3],int b[3][3])
```

```
{
int i,j;
for(i=0;i<3;i++)
for(j=0;j<3;j++)
b[i][j]=a[i][j]+a[j][i];
}
}
```

3.以下程序的输出结果是:

```
main()
{
int i,k,a[10],p[3];
k=5;
for(i=0;i<10;i++)a[i]=i;
for(i=0;i<3;i++)p[i]=a[i*(i+1)];
for(i=0;i<3;i++)k+=p[i]*2;
cout<<k<<endl;
}
```

四、实训要求

1.结合上课内容,写出程序,并调试程序,要给出测试数据和实训结果。
2.整理上机步骤,总结经验和体会。
3.完成实训报告和上交程序。

实训五　函数的使用

【主要知识点】

1.函数结构:函数由函数头与函数体两部分组成。

(1)函数头:类型　函数名(形式参数表列)

类型规定为函数返回值的类型,函数名是函数的标识,形式参数表列是括在圆括号中的零个或多个以逗号分隔的形式参数。

(2)函数体:一个函数体是一个语句块,是用一对花括号封装的语句序列。

2.形式参数与实际参数

定义函数时,函数名后括弧中的变量称为"形式参数"。调用函数时,函数名后括弧中的变量或表达式称为"实际参数"。定义时,必须指定形式参数(形参)的类型。调用函数时,表示实际参数(实参)的表达式类型必须与对应形式参数(形参)的类型一致。

一、实训目的

1.掌握定义函数的方法。

2.掌握函数实参与形参的对应关系以及"值传递"的方式。

3.掌握函数的嵌套调用和递归调用的方法。

4.学习用引用给函数传递参数。

5.掌握全局变量和局部变量、动态变量、静态变量的概念和使用方法。

6.学习对多文件程序的编译和运行。

二、实训任务

1.写一个判断素数的函数,在主函数输入一个整数,输出是否素数的信息。

2.写一函数,使给定的一个二维数组(4 * 4)转置,即行列互换。

3.上机调试并分析运行结果。

4.递归与非递归函数。

编写一个函数,求从 n 个不同的数中取 r 个数的所有选择的个数。其个数值为:

$$C_n^r = \frac{n!}{n! * (n-r)!}$$

其中:n! ＝n * (n−1) * (n−2) * … * 1。

[实现要求]

(1)分别用递归和非递归两种方式完成程序设计。

(2)主程序中设计一个循环,不断从输入接收 n 和 r 的值,计算结果并输出,当用户输入"0 0"时,程序结束。

（3）能检查输入数据的合法性，要求 n>=1 并且 n>=r。

（4）上面的测试数据能得到正确结果。

5.用一个函数来实现将一行字符串中最长的单词输出。此行字符串从主函数传递给该函数。

［实现要求］

（1）程序用多文件结构表示。要求将 main 函数放在一个文件中，将另外一个函数放在另一个文件中，将函数原型说明放在一个头文件中。

（2）建立一个项目，将这三个文件加到所创建得项目中，编译链接使程序正常运行。

6.求两个整数的最大公约数和最小公倍数。用一个函数求最大公约数，用另一函数根据求出的最大公约数求最小公倍数。

三、实训步骤

1.判断素数的算法，在以前学习循环的时候已经学过了.在这里只是把这个算法用函数的形式表示出来。这里要注意函数的定义、声明的方法和格式。

```cpp
#include <iostream. h>
#include <string. h>
int prime(int number) //此函数用于判断是否素数
{
    int flag=1,n;
    for (n=2;n<number/2&&flag==1;n++)
        if (number%n==0)
        flag = 0;
        return flag;
}
void main(
{
int number;
coot<<"请输入个正整数：";
cin>>number;
if(prime(number))
    cout<<number<<"是素数. "<<endl;
else
    cout<<number <<"不是素数. "<<eudl;
}
```

2.输入以下程序并调试运行。

```cpp
#include <iostream. h>
#include <string. h>
```

```
#include <iomanip. h>
#define N 4
int array[N][N];
convert(int array[4][4])
int array[4][4];
{
    int i,j,t;
    for(i=0;i<N;i++)
      for(j=i+1;j<N;j++)
        {
          t=array[i][j];
          array[i][j]=array[j][i];
          array[j][i]=t;
        }
}
void main()
{
    int i,j;
    cout<<"输入数组元素:"<<endl;
    for(i=0;i<N;i++)
      for(j=0;j<N;j++)
        cin>>array[i][j];
cout<<"数组是:"<<endl;
for(i=0;i<N;i++)
{
  for(j=0;j<N;j++)
    cout<<array[i][j]<<setw(5);
    cout<<endl;
}
convert(array);
cout<<"转置数组是:"<<endl;
for (i=0;i<N; i++)
  {
    for (j=0;j<N; j++)
      cout <<array[i][j]<<setw(5);
      cout<<endl;
  }
```

```
}
```

3. 分析程序运行结果。

输入下列程序,运行它,分析得到的结果。

```cpp
#include <iostream.h>
int n = 0;
int func(int x=10);
void main()
{
    int a,b;
    a=5;
    b=func(a);
    cout<<"\nlocal a="<<a<<endl<<"local b="<<b<<endl<<"glocal n="<<n<<endl;
    a++;
    b=func(a);
    cout<<"\nlocal a="<<a<<endl<<"local b="<<b<<endl<<"glocal n="<<n<<endl;
    func();
}
int func(int x)
{
    int a=1;
    static int b=10;
    a++;
    b++;
    x++;
    n++;
    cout<<"\nlocal a="<<a<<endl<<"local b="<<b<<endl<<"parameter x="<<x<<endl;
    return a+b;
}
```

运行该程序,得到运行结果。

分析得到的结果,说明为什么得到这样的结果。

4. (1)利用一个非递归函数 fun(int n)计算 n!,利用另一个函数 Cnr(int n,int r)计算 ,在该函数中调用函数 fun()。

注意各种数据类型的内存字长不同,整数能存放的数据范围有限,如何解决?

(2)利用一个递归函数实现,实现时利用公式:

C(n,r)＝C(n,r−1)＊(n−r+1)/r

递归实现。

[实现提示]

(1)可以用 double 数据类型来存放函数的计算结果。

(2)递归结束条件:

如果 r＝0,则 C(n,r)＝1;

如果 r＝1,则 C(n,r)＝n;

[测试数据]

输入:5 3

输出:10

输入:10 20

输出:Input Invalid!

输入:−1 4

输出:Input Invalid!

输入:50 3

输出:19600

输入:0 0

程序结束

[思考问题]

①对各种数据类型的字长是否有了新的认识?

②递归函数的书写要点是什么?

③递归和非递归函数各有哪种好些?

5.(1)新建一个项目,命名为"multifile"。

(2)用菜单项"File"→"New",创建一个新的"C++ Source File",命名为"main. cpp"。

(3)用菜单项"File"→"New",创建一个新的"C++ Source File",命名为"func. cpp"。

(4)用菜单项"File"→"New",创建一个新的"C/C++ Header File",命名为"func. h"。

(5)将主函数部分拷贝到 main. cpp 中,将程序函数实现放到 func. cpp 中,再将字程序函数的原型写到 func. h 中

(6)在 main. cpp 中包含进头文件

＃include"func. h"

(7)编译链接该项目并运行它。

[思考问题]

①多文件结构中头文件的作用是什么?

②将程序划分为多个文件有什么好处?

6.(1)不用全局变量,分别用两个函数求最大公约数和最小公倍数。两个整数在主函数中输入,并传送给函数1,求出的最大公约数返回主函数,然后再与两个整数一起作为实参传递给函数2,以求出最小公倍数,再返回到主函数输出最大公约数和最小公倍数。

（2）用全局变量的方法，分别用两个函数求最大公约数和最小公倍数，但其值不由函数带回。将最大公约数和最小公倍数都设为全局变量，在主函数中输出它们的值。

四、实训要求

1.结合上课内容，写出程序，并调试程序，要给出测试数据和实训结果。

2.整理上机步骤，总结经验和体会。

3.完成实训报告和上交程序。

实训六　指针的使用

【主要知识点】

1.建立指针:包括定义指针和给指针赋初值。用 & 操作符可获取变量的地址,指针变量用于存放地址。

2.间接引用指针:间接引用指针时,可获得由该指针指向的变量内容,既可用于右值,也可用于左值。

3.指针的运算:与整数相加、减运算;同一数组中各元素地址间的关系运算和相减运算;赋值运算。

4.指针变量引用:& 取地址运算符;* 指针运算符。

5.数组名指针:如果把任何数组都广义地当作向量,那么,数组名是指向广义的第一个元素的指针,对一维数组来说,它指向第一个数据,对二维数组来说,它指向第一行。

一、实训目的

1.熟练掌握指针、地址、指针类型、void 指针、空指针等概念。

2.熟练掌握指针变量的定义和初始化、指针的间接访问、指针的加减运算和指针表达式。

3.会使用数组的指针和指向的指针变量。

4.会使用字符串的指针和指向字符串的指针变量。

5.学会使用指向函数的指针变量。

6.了解指针与链表关系。

二、实训任务

1.分析程序1.1、程序1.2、程序1.3的运行结果。

程序 1.1

```
#include<iostream.h>
void main()
{int i, * p,a[]={10,20,30,40,50,60};
p=a;
for(i=0;i<5;i++)
    cout<<"a["<<i<<"]="<<a[i]<<"\t"<<" * (a+"<<i<<")="<<*(a+i)
        <<"\t"<<" * (p+"<<i<<")="<<*(p+i)<<"\t"<<"p["<<i<<"]="<<p[i]<<endl;
}
```

程序 1.2

```
#include<iomanip. h>
  void fun(int * & a, int & m)
  { a＝new int[m]; //A
    int * p＝a;
    for(int i＝0;i<m;i++)
      * p++＝i * i+1;
  }
void main()
  { int * b,n＝5;
    fun(b,n);
    for(int i＝0;i<n;i++)
      cout<<b[i]<<' ';
  cout<<endl;
   delete[]b; //B
```

程序 1.3

```
#include<iostream. h>
int b[4][4]＝{{10,11,12,13},{14,15,16,17},{18,19,20,21},{22,23,24,25}};
void main()
{int ( * a)[4], * p;
a＝b;              //指针变量 a,取得二维数组第一行地址
p＝a[1];           //指针变量 p,取得二维数组第二行第一列地址
for( int i＝1;i<=4;p＝p+1,i++)        //A 行
cout<< * p<<'\t';
cout<<endl;
for( i＝0;i<=3;i++)                  //B 行
{cout<< * ( * a+1)<<"\t"; a++;}        //C 行
cout<<endl;
}
```

2. 写一个函数,其功能是在指针 p 所指数组中,查找值为 x 的元素。若找到,返回该元素的下标;否则返回－1。改正程序中语句错误,使之能够正确运行。

三、实训步骤

1.对各个程序段的分析和运行结果如下:

程序 1.1 分析:分析程序根据指针与数组关系,引用数据可以有 4 种不同的表示方法:使用数组下标变量;使用数据固有的指针——数组名间接引用;使用指向数组的指针的间接引用;使用指向数组的指针下标引用。

运行结果:

a[0]＝10 ＊(a＋0)＝10	＊(p＋0)＝10 p[0]＝10
a[1]＝20 ＊(a＋1)＝20	＊(p＋1)＝20 p[1]＝20
a[2]＝30 ＊(a＋2)＝30	＊(p＋2)＝30 p[2]＝30
a[3]＝40 ＊(a＋3)＝40	＊(p＋3)＝40 p[3]＝40
a[4]＝50 ＊(a＋4)＝50	＊(p＋4)＝50 p[4]＝50
a[5]＝60 ＊(a＋5)＝60	＊(p＋5)＝60 p[5]＝60

程序 1.2 分析:指针变量在函数 main 中没有取得地址,所以在 A 行中,对被调用函数 fun()给对应的形参指针变量申请地址,即指针变量 b 和形参指针变量 p 指向同一组地址。B 行释放申请地址。

运行结果:1 2 5 10 17

程序 1.3 分析:根据题意,指针变量 p 取得二维数组第二行第一列地址,进行循环语句后,每循环一次,指针变量下移一个元素,A 行循环输出是 14,15,16,17。指向一维数组指针 a,取得二维数组第一行地址,由指向一维数组指针定义,＊a＋1 表示该行第一列元素地址,＊(＊a＋1)表示该地址的值,所以 B 行输出是 11,15,19,23。

14	15	16	17
11	15	19	23

2. 代码如下:

```
include<iostream. h>
#include<stdlib. h>
const int N=10;
int find(int ＊p,int n,int x)
{ int i =0;
    ＊(p＋n)＝x;
    while(＊(p＋i)！＝x)
        i＋＋;
  if(i！＝n)
        return i;
    else
        return －1;
}
void main()
{int i,pos,x;
int ＊p＝new int [N];
for(i=0;i<N;i++)
        ＊(p＋i)＝rand()％50;
for(i=0;i<N;i++)
```

```
        cout<< *(p+i)<<'\t';
cout<<"\ninput x：";
cin>>x;
pos=find(p,N,x);
if(pos! =-1)cout<<"index= "<<pos<<" ,value= "<< *(p+pos)<<endl;
    else cout<<"No find!"<<endl;
}
```

四、实训要求

1.结合上课内容,写出程序,并调试程序,要给出测试数据和实训结果。

2.整理上机步骤,总结经验和体会。

3.完成实训报告和上交程序。

实训七 结 构

【主要知识点】

1. 结构定义的一般格式：

struct 结构类型名

{

数据类型　　成员名1；

数据类型　　成员名2；

……

数据类型　　成员名n；

}；

2. 对结构成员变量的访问格式为：

结构变量名.成员名

一、实训目的

1. 掌握结构的概念和结构类型的定义。

2. 掌握结构变量的定义和初始化。

3. 掌握结构体指针变量的定义和运算。

4. 掌握结构成员的访问、结构赋值的含义以及结构与指针、函数的关系。

二、实训任务

1. 试定义一个表示学生成绩的结构体，要求包含学号、姓名、数学成绩、英语成绩、C++语言成绩和三门课程的总分，再定义两个变量。

2. 根据上体定义的结构体类型的结构体数组 student，输入学生三门课成绩，然后按总分成绩排序后输出学生成绩。

三、实训步骤

1. 分析见注释

```
struct student
{int no;
char * name[20];          //定义姓名
int math;                 //数学成绩
```

```
    int eng;                    //英语成绩
    int c;                      // C 成绩
    int sum;                    //统计三门课总分
} st1,st2;                      //定义两个变量
2. #include<iostream.h>
struct stud
  { int no;
    char name[20];
    int math;
    int eng;
    int c;
    int sum;
  } st[10];
int n=-1;              //表示数组元素当前下标
void main()
{ int x=1,i,j;
  stud t;
  cout<<"请输入学生记录,按 0 结束"<<endl;
  while(x)
  { cin>>x;
  if(x){ n++;                        //读入学号
   st[n].no=x;                       //读入姓名
   cin>>st[n].name>>st[n].math>>st[n].eng>>st[n].c;  //读入三门课成绩
    st[n].sum=st[n].math+st[n].eng+st[n].c;          //计算三门课总分
  }
  else break;
  }
  for(i=0;i<n;i++)                   //采用冒泡排序法对总分排序
    for(j=0;j<n-i;j++)
      if(st[j].sum>st[j+1].sum)
        {t=st[j];st[j]=st[j+1];st[j+1]=t;}
  for(i=0;i<=n;i++)                  // 输出排序后学生信息
      cout<<st[i].no<<" "<<st[i].name<<" "<<st[i].math
<<" "<<st[i].c<<" "<<st[i].eng<<" "<<st[i].sum<<endl;
}
```

四、实训要求

1. 结合上课内容,写出程序,并调试程序,要给出测试数据和实训结果。
2. 整理上机步骤,总结经验和体会。
3. 完成实训报告和上交程序。

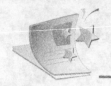

实训八 类的使用

【主要知识点】

1. 类定义:客观世界中的事物往往需要从属性与行为两个方面进行描述。在 C++中,分别用数据成员与函数成员来表现,并且将它们封装在一起,形成一种抽象数据类型——类。类具有数据成员和成员函数两种成员,类成员分为公开的(public)和私有的(private)两类。外界不能访问一个对象的私有部分,它们与对象间的信息传送只能通过公开成员函数等特定方法进行。

2. 构造函数:

(1)构造函数具有特定名字——与类相同。

(2)构造函数不能标以返回类型,它的返回值是隐含的。

(3)构造函数在机器执行对象声明语句时被自动调用,去初始化被声明的对象。

(4)构造函数允许按参数却省调用形式定义。

(5)构造函数名可以重载。

(6)当没有为一个类定义任何构造函数的情况下,C++编译器总要为它自动建立一个无参的构造函数。

3. 析构函数:对象撤销时被自动调用,释放构造函数分配的空间。

4. 复制构造函数:只有一个参数,使所在类的对象的引用,用于一个对象初始化另一个对象。

5. 友元:这个外部函数可以例外地访问类的任何私有成员。在类定义外定义,使用类对象引用作参数,可以访问对象的公开、私有成员。友元关系是单向的、不具有交换性、不具有传递性。

6. 静态成员:在编译时创建,一直到程序结束,任何对象都可以访问。对静态数据成员要进行引用性声明和定义性声明,数据成员名定义为 static 数据类型。

一、实训目的

1. 掌握类的定义和使用。

2. 掌握类的定义和对象的声明。

3. 复习具有不同访问属性的成员的访问方式。

4. 观察构造函数和析构函数的执行过程。

二、实训任务

1. 分析下列程序的运行结果。

```
#include <iostream.h>
```

```
class point
{ int x,y;
public：
  point(int a,int b)
  {x＝a;y＝b;
   cout<<"calling the constructor function. "<<endl;
  }
  point(point &p)；
  friend point move(point q)；
  ~point(){cout<<"calling the destructor function. \n";}
  int getx()    {return x;}
  int gety()    {return y;}
};
point：：point(point &p)
{x＝p. x; y＝p. y;
cout<<"calling the copy_initialization constructor function. \n";
}
point move(point q)
{cout<<"OK! \n";
int i,j;
i＝q. x+10;
j＝q. y+20;
point r(i,j);
return r;
}
void main()
{ point m(15,40),p(0,0);
point n(m);
p＝move(n);
cout<<"p＝"<<p. getx()<<","<<p. gety()<<endl;
}
```

2. 分析找出以下程序中的错误,说明错误原因,给出修改方案使之能正确运行。

```
#include<iostream. h>
class one
{ int a1,a2;
    public：
one(int x1＝0, x2＝0)；
```

```
};
void main()
{one data(2,3);
cout<<data.a1<<endl;
cout<<data.a2<<endl;
}
```

3. 分析以下程序的错误原因,给出修改方案使之能正确运行。

```
#include <iostream.h>
class Amplifier{
    float invol,outvol;
public:
    Amplifier(float vin,float vout)
    {invol=vin;outvol=vout;}
    float gain();
};
Amplifier::float gain() { return outvol/invol; }
void main()
{ Amplifier amp(5.0,10.0);
    cout<<"\n\nThe gain is =>"<<gain()<<endl;
}
```

4. 定义一个学生类,其中有 3 个数据成员:学号、姓名、年龄,以及若干成员函数。同时编写 main()函数使用这个类,实现对学生数据的赋值和输出。

三、实训步骤

1. 分析:根据构造函数、拷贝构造函数和友元函数的特点。

(1)构造函数执行 3 次,分别初始化主函数中的对象 m,p 和 move 函数中的对象 r。

(2)拷贝构造函数共执行了 3 次。第一次,初始化对象 n;第二次在调用函数 move()时,实参 n 给形参 q 进行初始化;第三次是执行函数 move 的 return r;语句时,系统用 r 初始化一个匿名对象时使用了拷贝构造函数。

(3)析构函数执行了 6 次。在退出函数 move 时释放对象 r 和 q 共调用 2 次;返回主函数后,匿名对象赋值给对象 p 后,释放匿名对象又调用一次析构函数;最后退出整个程序时释放对象 m,n 和 p 调用 3 次。

执行该程序后,输出结果是:

calling the constructor function.

calling the constructor function.

calling the copy_initialization constructor function.

calling the copy_initialization constructor function.

OK！

calling the constructor function.

calling the copy_initialization constructor function.

calling the destructor function.

calling the destructor function.

calling the destructor function.

P＝25,60

calling the destructor function.

calling the destructor function.

calling the destructor function.

2.分析：出错原因：构造函数参数表语法错；构造函数没有函数体；类的对象不能直接访问类的私有成员变量。

3.分析：成员函数在类体外定义格式是"函数返回类型 类名::成员函数名（参数表）"；成员函数调用格式是"对象名.成员函数名（参数表）"。

4.参考代码如下：

```cpp
#include<iostream. h>
#include<string. h>
class student
{ int no；
  char name[10]；
  int age；
  public：
  student(int i, char * str, int g)
  {no＝i；
  strcpy(name,str)；
  age＝g；
  }
  student( )
  {no＝0；
  strcpy(name,"none")；
  age＝－1；
  }
  void display()
  {if (no＞0) cout<<"no" <<no<<":"<<name<<"is"<<age<<"years old.
\n";
    else cout<<"no"<<no<<": None! \n"；
  }
```

```
};
    void main()
    { student d1(1001,"Tom",18);
d1. display();
student d2;
d2. display();
}
```

四、实训要求

1.结合上课内容,写出程序,并调试程序,要给出测试数据和实训结果。
2.整理上机步骤,总结经验和体会。
3.完成实训报告和上交程序。

实训九　继承与多态

【主要知识点】

1.派生类的定义

class 派生类名:派生方式 基类名

{

private：

新增私有成员声明语句表列

public：

新增公开成员声明语句表列

}；

2.派生类的访问控制

继承方式修饰符	基类成员访问修饰符	基类成员在派生类中的可访问性
private	private	派生类中不可以被访问
	protected	派生类中个变为私有
	public	派生类中变为公有
protected	private	派生类中不可以被访问
	protected	在派生类中变为受保护的
	public	在派生类中变为受保护的
public	private	派生类中不可以被访问
	protected	在派生类中变为受保护的
	public	在派生类中变为公有的

3.多态性与虚函数

关键字 virtual 可以将 public 或 protected 部分的成员函数声明为虚函数。一个虚函数属于它所在的类层次结构,不只属于某一类。不能把虚函数声明为静态的或全局的,也不能把友元说明为虚函数,但虚函数可以是另一个类的友元函数。

一、实训目的

1.学习定义和使用类的继承关系,定义派生类。

2.熟悉不同继承方式下对基类成员的访问控制。

3.学习利用虚基类解决二义性问题。

二、实训内容

1. 分析下列程序的运行结果。

```cpp
#include <iostream.h>
class Base
{ int i;
public：
    Base(int n){cout <<"Constucting base class" << endl;i=n;}
    ~Base(){cout <<"Destructing base class" << endl;}
    void showi(){cout << i<< ",";}
    int Geti(){return i;}
};
class Derived:public Base
{    int j;
    Base aa;
    public：
    Derived(int n,int m,int p):Base(m),aa(p){
    cout << "Constructing derived class" <<endl;
    j=n;
    }
    ~Derived(){cout <<"Destructing derived class"<<endl;}
    void show(){Base::showi();
    cout << j<<"," << aa.Geti() << endl;}
};
void main()
{ Derived obj(8,13,24);
obj.show();
}
```

2. 分析下列程序的运行结果。

```cpp
#include<iostream.h>
class A
{ public：
    A(char * s) { cout<<s<<endl; }
    ~A() {}
};
class B:virtual public A
{ public：
```

```
    B(char * s1, char * s2):A(s1)
      {  cout<<s2<<endl; }
    };
    class C: virtual public A
    {
    public:
      C(char * s1,char * s2):A(s1)
        {
          cout<<s2<<endl;
        }
    };
    class D:public B,public C
    {
    public:
      D(char * s1, char * s2,char * s3, char * s4):B(s1,s2),C(s1,s3),A(s1)
        {
          cout<<s4<<endl;
        }
    };
    void main()
    {
      D * p=new D("class A","class B","class C","class D");
      delete p;
    }
```

3. 声明一个哺乳动物(Mammal)类,再由此派生出狗(Dog)类,二者都定义 Speak( )成员函数,基类中定义为虚函数。声明一个 Dog 类的对象,调用 Speak()函数,观察运行结果。

三、实训步骤

1.分析:派生类的构造函数的执行次序,先调用基类的构造函数,再调用派生类中子对象类的构造函数,最后调用派生类的构造函数。析构函数的执行次序与构造函数正好相反,先调用派生类的析构函数,再调用派生类中子对象类的析构函数,最后调用基类的析构函数。

运行结果:
Constucting base class
Constucting base class
Constucting derived class
13,8,24

Destructing derived class

Destructing base class

Destructing base class

2.分析：创建 D 对象时，只有在 D 的构造函数的初始化列表中列出的虚基类构造函数被调用，D 的两个基类 B、C 的构造函数中的虚基类构造函数被忽略，不执行，从而保证在 D 对象中只有一个虚基类子对象。

运行结果：

class A

class B

class C

class D

3.参考代码如下：

```cpp
#include<iostream.h>
class Mammal
{ public：
    Mammal()    {cout<<"call Mammal"<<endl；}
    virtual void speak()    {cout<<" call base class"<<endl；}
};
class Dog :public Mammal
{ public：
    Dog()    {cout<<"call Dog\n"；}
    void speak()    {cout<<"call Dog class\n"；}
};
void main()
{ Mammal a；
  a. speak()；
  Dog b；
  b. speak()；
}
```

四、实训要求

1.结合上课内容，写出程序，并调试程序，要给出测试数据和实训结果。

2.整理上机步骤，总结经验和体会。

3.完成实训报告和上交程序。